AF337391

et ARCHER

INGÉNIEURS

Programme
des
Techniciens

RÉNOVATION

PARIS

ÉDITIONS ERNEST LEROUX

28, RUE BONAPARTE, 28

RÉNOVATION

MOREAU et ARCHER

INGÉNIEURS

Programme des Techniciens

RÉNOVATION

PARIS

ÉDITIONS ERNEST LEROUX

28, RUE BONAPARTE, 28

RÉNOVATION

Cinq années d'une lutte acharnée, où les adversaires durent mettre en jeu toutes leurs forces matérielles et morales, ont à tel point ébranlé les assises des sociétés vieillies que l'édifice tout entier menace de s'écrouler. Le sort de la Civilisation est menacé ; l'Humanité, elle-même, est en péril. Vainqueurs et vaincus sont en proie au même malaise, aux mêmes difficultés, à la même inquiétude. Les esprits déçus sont dans l'attente d'un messie ou d'un hasard heureux qui ramènera le calme sur le globe ravagé, fera régner la justice dans les sociétés et rétablira entre les peuples la Paix universelle.

Instinctivement, nous sentons que c'est en France que se passe la crise la plus violente, et que c'est chez nous que le drame recevra son dénouement. Les mêmes raisons, qui nous ont fait attendre sur notre front la décision de la guerre, nous poussent à croire que c'est sur notre sol que jaillira la lumière qui, demain, servira de guide à l'Humanité.

Le rêve sera-t-il réalisé par la violence ou par la douceur ? La transformation qu'il comporte sera-t-elle l'œuvre d'une émeute sanglante, ou découlera-t-elle d'un ensemble de réformes orientées suivant un plan largement conçu ?

Tel est le problème qu'il nous faut résoudre aujourd'hui. On en voit bien toute l'étendue, car il s'agit de réformes profondes à accomplir dans tous les domaines : social, économique, moral, international ; mais on n'en voit pas encore la solution.

Et cependant, on en sent toute la nécessité et l'urgence en est mesurée par l'imminence du danger que le mécontentement populaire fait courir à la Société.

Nul ne sait, dans le cas où la solution serait demandée à l'émeute, quelles seraient les conséquences finales d'un conflit où toutes les passions seraient exacerbées. Ne serait-ce pas toute la question de la guerre remise en état ? Si pareille hypothèse venait à se réaliser, si notre pouvoir central disparaissait, si notre armée se décomposait, croit-on que nos ennemis assisteraient impassibles à ce bouleversement et n'enverraient pas à Paris leurs troupes rapidement rassemblées, nous dicter à leur tour « une paix allemande » ?

Pour faire sentir, par un simple exemple, combien le danger peut être prochain, supposons, un seul instant, la confiance dans le billet de banque brusquement détruite ; quel serait le résultat? Plus d'importations, plus de ravitaillement des villes par les campagnes. A quels excès ne se livreraient pas des populations réduites à la famine? Ces excès dépasseraient vraisemblablement ceux qui se sont produits en Russie où l'immensité des espaces et l'apathie naturelle orientale ont tendance à atténuer les phénomènes de violence.

Jusqu'au jour où une solution soit apparue, est-il possible de considérer la guerre comme réellement terminée? Est-ce admissible de chanter véritablement victoire aussi longtemps que ne soit dissipé un semblable danger?

« Rénovation » a pour but, précisément, d'apporter une solution à cet immense et grave problème, de prouver qu'il est possible d'opérer dans notre pays une révolution pacifique, sans qu'une nouvelle jacquerie fasse couler des flots de sang.

Quelles réformes accomplir?

S'il ne s'agissait que d'une révolution politique, on pourrait accepter le raisonnement de ceux qui disent: «laissons passer la tourmente et attendons les résultats de la catastrophe ». L'histoire nous apprend que les Français sont merveilleusement aptes à faire de semblables révolutions : remplacer les hommes au pouvoir par d'autres est chose relativement aisée. Mais aujourd'hui, il ne s'agit plus seulement d'une révolution d'ordre politique et social, comme le fut celle de 1789, il s'agit d'une révolution tout à la fois politique, sociale et économique. Nous dirons même plus, il s'agit d'une transformation radicale dans l'ordre moral, et d'une nouvelle conception de l'ordre international.

Les tenants de tous les partis admettent que c'est dans toutes les branches de l'activité humaine qu'il nous faut des réformes. Aussi, les réformateurs abondent-ils, chacun avec un programme plus ou moins bien étudié, dont la partie la meilleure est la critique sévère de la situation actuelle. A quoi bon s'attarder à cette œuvre de démolition, la maison s'écroule d'elle-même. La difficulté commence lorsqu'il s'agit de proposer des remèdes. En dehors des critiques, les programmes ne contiennent que des formules vagues et creuses; les meilleurs se contentent de proclamer qu'il est nécessaire de faire l'inverse de ce qui existe. Ils deviennent subitement muets quand il s'agit d'exposer des moyens de réalisation, permettant d'aboutir à l'état meilleur qu'ils promettent.

Le programme du Gouvernement.

A tout Seigneur, tout honneur. Que pensent ceux qui détiennent en ce moment l'autorité ?

Ah ! leur programme n'est guère compliqué. Il se résume dans un mot: *l'empirisme*. *«Nous avons vécu pendant la guerre et depuis la guerre dans l'empirisme le plus complet »*, dit M. Clemenceau aux députés. Ni lui, ni aucun de ses collaborateurs n'ajoutent un mot pour faire prévoir un changement de méthode. Tout au contraire, M. Loucheur renforçant cette déclaration, le même jour, déclare sans s'émouvoir: *« Malgré toutes les mesures que les gouvernements pourront prendre, la vie demeurera chère »*.

En d'autres termes, nos gouvernants avouent leur impuissance, non pas seulement à réaliser, mais même à dresser un programme de réformes.

Allons-nous être plus heureux avec les autres partis politiques ? Commençons par ceux dont les membres ont été au pouvoir avant ou pendant la guerre.

Le Parti radical et radical-socialiste ne semble pas avoir encore élaboré son programme. Dans tous les cas, il ne l'a pas fait connaître. Il est bien probable que, s'il se sentait en possession de la formule qui doit servir de base à la société future, il se serait empressé de la proclamer.

Le programme du Parti Socialiste.

Le Parti socialiste a participé au gouvernement pendant la plus grande partie de la guerre ; il se trouve ainsi compromis parce que ses représentants au pouvoir n'ont jamais apporté le programme clair et précis que nécessitaient les circonstances.

Les socialistes déclarent, avec juste raison, que la panacée universelle à tous nos maux réside dans l'organisation de la Société des Nations. Malheureusement, ils oublient de nous dire comment peut se constituer cette Société des Nations. Il doit bien y avoir des raisons qui font que celle qui a été établie n'est pas considérée comme viable et féconde.

Pour former une véritable Société des Nations, il faut remplir des conditions d'ordre technique et d'ordre psychologique ; mais nulle part, dans le programme du Parti socialiste, nous ne voyons semblable préoccupation.

M. A. Thomas déclare bien à la Chambre que :

Moralement et politiquement, c'est dans la Société des Nations que la France réalisera sa vraie victoire et qu'elle remplira toute sa glorieuse destinée.

Mais il se garde bien, et pour cause, de rechercher les raisons techniques qui ont fait que la France n'ayant pu résoudre le problème de sa propre sécurité, s'est trouvée dépourvue de l'autorité morale nécessaire pour imposer sa conception de la Société des Nations.

Le programme
de l'Alliance Républicaine Démocratique.

« Nous étions, nous, convaincus de l'imminence d'une agression allemande. » Telle est la déclaration des dirigeants de ce parti. Comment dès lors, peuvent-ils se considérer comme qualifiés pour organiser la paix, puisque, malgré leurs prévisions, ils nous ont laissés en si mauvais état de préparation ?

Ils se bornent, d'ailleurs, à énumérer les réformes à réaliser ; il faut reconnaître qu'ils le font assez clairement.

Pas plus au point de vue économique qu'aux points de vue militaire et politique, nous ne sommes des impérialistes. Nous voulons simplement assurer à l'expansion française sa part légitime. Si modeste que soit ce but, que d'efforts pour l'atteindre dans un pays meurtri et spolié ! Il ne suffira pas de reconstituer les régions envahies et dévastées, dure besogne et si urgente, il faudra d'abord prendre toutes les mesures efficaces pour assurer l'accroissement régulier de notre population, sous peine de perdre les fruits de notre victoire et d'être frappés, à brève échéance, d'une décadence irrémédiable. Il faudra améliorer le fonctionnement de nos institutions politiques et changer nos mœurs elles-mêmes, réformer profondément nos administrations, les adapter à la démocratie, renouveler et perfectionner l'outillage national, développer l'enseignement technique, animer d'un esprit nouveau nos ambassades et nos consulats, tendre, en un mot, toutes les énergies, coordonner toutes les activités en vue d'accroître la prospérité générale du pays.

Des moyens à employer, pas un mot. C'est cependant la chose essentielle.

Il est logique, jusqu'à un certain point, que tous ceux qui au gouvernement, au Parlement, ou à la tête des grands services nationaux ont eu une influence décisive sur la direction suivie depuis un quart de siècle, soient impuissants à nous sortir du chaos où leur politique nous a jetés. Les événements sont les résultantes des actes accomplis antérieurement, c'est pourquoi les responsables des maux actuels ne sont pas naturellement désignés pour en apporter les remèdes. Mais les autres, ceux qui n'ont pas participé directement au gouvernement seront-ils plus heureux ?

Le programme de la Fédération des Industriels et des Commerçants.

Voici le programme formulé par M. Berthélemy, professeur de droit à la Faculté de Paris :

Assainir la politique nationale par la réforme électorale, par la constitution d'un conseil supérieur de la législation chargé non de voter les lois, ce qui est le privilège exclusif des Chambres, mais de les rédiger, ce qui doit être l'œuvre de corps compétents; assainir les institutions gouvernementales en remédiant à l'affaissement excessif du Président de la République, à l'instabilité et à l'incompétence trop fréquente des Ministres; tel est le programme très modéré et très souple sur lequel tous les partis qui veulent instaurer l'ordre durable peuvent s'entendre.

M. André Lebon, président de la Fédération, a défini ensuite le genre et les méthodes d'assainissement :

Ce sont les mœurs plus encore que les lois qu'il faut s'acharner à réformer, car le même régime parlementaire, à peu de choses près, a donné en Angleterre et en France des résultats bien différents. Faisons donc l'éducation des peuples et l'éducation des jeunes. C'est à cette œuvre que les hommes d'affaires devront s'efforcer de contribuer.

Vaines paroles : pour refaire l'éducation d'un peuple, il faut vingt ans ! De plus, qui fera cette éducation ? Les éducateurs prévus ne seraient-ils pas précisément ceux dont les mœurs nous ont conduits à la guerre ?

Le programme du Progrès Civique.

Pour lutter contre l'alcoolisme, la tuberculose, le taudis, la misère, l'ignorance, pour briser les vieux cadres, pour rajeunir une administration de paperasserie et de routine, pour réformer les mœurs politiques, les bons citoyens n'ont pas besoin d'attendre qu'ils soient d'accord sur la plus vraie des religions, et la meilleure forme du gouvernement. Il suffit qu'ils veuillent ensemble les mesures de salut public.

Très bien cela, mais il faudrait, d'abord, définir les caractéristiques du *bon citoyen* et ensuite nous dire comment on groupera les « bonnes volontés » de tous ces « bons citoyens ».

Le programme de la Démocratie Nouvelle.

Nous abordons ici au programme en apparence le plus complet. Disséquons ses éléments.

Réformer notre système vicieux de gouvernement; mauvais choix des hommes appelés au pouvoir, conditions funestes dans lesquelles ils exercent leurs fonctions et d'où résultent leur instabilité, leur manque d'autorité, leur irresponsabilité, leur impuissance.

Mais comment assurer à des hommes mieux choisis (et par qui?) l'autorité morale indispensable?

Remonter par un ensemble de moyens le chiffre de notre population qui n'a cessé de décroître dangereusement. Le pays est perdu, si nous n'avons plus d'enfants.

Mais quel sera cet ensemble de moyens efficaces? Pour remédier aux causes profondes de la dépopulation, point ne suffit de remplacer des politiciens par d'autres politiciens; il faut opérer une révolution tout à la fois politique, sociale, économique et morale.

Elever la situation de tous les travailleurs, ouvriers, employés, petits fonctionnaires; les traiter fraternellement, faire d'eux des participants à la grande entreprise sociale, mais obtenir d'eux aussi qu'ils reconnaissent la nécessité de la discipline et de la hiérarchie sans lesquelles rien ne peut réussir.

Cette élévation de situation, comment l'obtenir? Cette fraternité par quelles mesures d'ordre pratique la faire régner? La nécessité de la hiérarchie et de la discipline, sous quelle forme la faire admettre, sans avoir, au préalable, transformé l'esprit et les mœurs de ceux qui détiennent le pouvoir?

Réagir contre l'abaissement des mœurs.

De quelle façon?

Ajouter à l'enseignement l'éducation morale, allumer la flamme de l'idéal, exalter la vertu patriotique.

Il conviendrait de définir cet idéal.

Après cette énumération un peu floue des réformes à réaliser, les rédacteurs du programme de la D. N. abordent la question des moyens. Ici, plus rien de vague, plus rien d'indécis.

La mesure capitale à prendre est la réforme de l'État, autrement dit la revision de la Constitution. Nous crions donc : Revision, Revision.

Voici la panacée universelle qui dispensera les Français de tout effort et rétablira l'ordre dans toutes les branches de l'activité de la Nation. Conception puérile que se charge de battre en brèche le programme suivant.

Le programme pour « La Rénovation de la France ».

Probus l'a exposé dans ses « dialogues ».

PROBUS. — On oublie vite l'Histoire? Peu de Français savent aujourd'hui que, lors d'un récent renouvellement parlementaire, près de la moitié des élus ont été des députés nouveaux, et nul ne s'est aperçu de la différence. D'autres hommes placés dans le même cadre, soumis aux mêmes influences, trouvant autour d'eux les mêmes raisons de mal faire et les mêmes difficultés de bien faire, ont suivi l'exemple de leurs prédécesseurs, ont emboîté le pas derrière eux, ont noyé leur pâle existence dans la mare stagnante.

ANDRÉ. — Devons-nous donc abandonner notre pays à ces mêmes politiciens ou à d'autres qui leur ressemblent?

PROBUS. — Non! Mille fois non! Pour que nos politiciens se relèvent de la déconsidération qui s'est attachée à eux, pour que, suivant votre expression de tout à l'heure, nos politiciens deviennent des politiques, nous allons former le *Syndicat des Français.* pour dire aux uns et aux autres ce que nous voulons qu'ils fassent. Nous laisserons les partis, anciens ou nouveaux, discuter sur des questions de détail ou sur des rêves d'avenir, mais nous leur imposerons à tous de réaliser ce programme simple et clair auquel vous venez de donner votre adhésion et votre appui; nous les préviendrons tous que s'ils n'accomplissent pas cette œuvre nécessaire, cette œuvre indispensable dont on a dû tracer le plan en dehors d'eux, puisqu'ils ont été trop faibles pour le tracer eux-mêmes, la grande vague des volontés unies du peuple de France les brisera comme de frêles barques sur les les roches de granit.

ANDRÉ. — Oui... Je comprends; nous nous attacherons aux actes et non aux hommes.

Il n'y a plus qu'à constituer le « Syndicat des Français », y englober tous les Français. et le problème de la *Rénovation de la France* se trouvera facile à résoudre.....

Nul n'aperçoit dans tout cela le grand, le lumineux programme dont la France a tant besoin et après lequel elle tend toutes ses aspirations.

Le programme de la C. G. T.

Il existe cependant un programme qui mérite de retenir l'attention : c'est celui de la C. G. T., non qu'il nous satisfasse, mais il est très nettement en avance sur les programmes établis par les partis politiques. Ceux-ci se bornent à nous parler de révolution politique. A la C. G. T. revient le mérite de nous démontrer l'inanité de ce changement, aussi bien que l'insuffisance d'une révolution sociale.

Les dirigeants de la C. G. T. prouvent qu'il faut accomplir une révolution économique; et ce n'est pas un mince sujet d'étonnement que de voir les classes ouvrières peu cultivées et disposant de moyens très simples, avoir mieux compris les nécessités actuelles que les classes les plus élevées de la Nation.

Il faut reconnaître que les créateurs d'une organisation aussi vaste que celle des Syndicats ouvriers doivent nécessairement posséder des qualités d'organisation et d'administration qui les qualifient pour établir et réaliser un programme sérieux.

Ils se sont assagis au contact des réalités, ils ont réfléchi en présence des difficultés. Si à la tête du mouvement syndical se fussent trouvés des illuminés, ce mouvement se serait détruit lui-même; ceux qui protestent contre sa force feraient mieux de rechercher quelles sont les causes de cette force et quelles sont les vertus dont la pratique a eu semblable conséquence.

La guerre, disent les dirigeants de la C. G. T., a surabondamment prouvé que la politique tend de plus en plus à se confondre avec la vie économique. Celle-là se subordonne même à peu près partout à celle-ci. De 1871 à 1914, nous avons eu, en France, l'ère démocratique politique. C'est maintenant l'ère de la démocratie économique qui s'ouvre.

Le verbe s'efface devant le chiffre, les systèmes politiques devant la concrète réalité.

Prévoyant des solutions nouvelles, ils ajoutent :

L'organisation productrice ébauchée par les gouvernements, malgré eux, pendant la guerre sera reprise à la paix par le groupement des travailleurs. Elle appliquera une législation internationale de la production, une répartition internationale des produits bruts; ceux-ci étant nationalement manufacturés.

Comprenant également le lien étroit qui doit exister entre les différentes réformes économiques, industrielles, sociales, etc., Jouhaux déclare :

La réorganisation économique doit avoir pour base le développement ininterrompu de l'outillage national et industriel et la diffusion illimitée de l'enseignement social et technique.

Ce n'est pas résoudre les difficultés, car nous avons déjà dit qu'il faut vingt ans pour atteindre les résultats produits par l'enseignement. Où trouverait-on, d'ailleurs, les maîtres capables d'établir un enseignement rationnel?

Les mêmes difficultés se retrouvent devant la C. G. T. sitôt qu'elle aborde le problème de la production.

Réduction de la fatigue humaine par la diminution du temps de travail, doit avoir comme corollaires, augmentation de la production et augmentation de la capacité de consommation de tous.

Les faits ont malheureusement contredit les prévisions.

En définitive, tout le programme de le C. G. T. est basé sur une constitution de la Société des Nations.

Par la libre coopération de tous les peuples ayant pour but la disparition de tous germes de guerre futures, et l'établissement de la justice internationale.

Il s'agit donc de résoudre, au préalable, le problème de la Société des Nations. Nous verrons que cette solution est un corollaire du problème militaire.

Mais dès que l'on veut interpréter la théorie cégétiste du *remplacement de la direction des personnes par l'administration des choses*, on s'aperçoit d'une contradition avec le principe de la suppression des *anciens moyens coercitifs qui ont fait leur temps.*

Jouhaux n'écrit-il pas :

Ce contrôle s'exerçant au nom de l'Etat pour les producteurs et les consommateurs, et principalement par leurs délégués, interviendra dans les formes les plus actives et les plus pratiques et non plus seulement sous la forme passive qui est actuellement en usage.

Il sera assez puissant pour garder constamment la maîtrise du règlement de la production et de sa valeur, du développement technique et des conditions de travail, de salaire, de prévoyance et d'assurances, ainsi que de la répartition des profits.

Il faudra donc créer aussi un bon Etat et les moyens n'apparaissent pas dans le programme de la C. G. T. Jouhaux ne nous dit pas comment il va transformer la mentalité des « bureaux » que nous connaissons trop bien.

Cependant, ce programme si incomplet, si imparfait qu'il soit, est en avance sur ceux des classes dirigeantes ! Nous en comprendrons la raison quand nous aurons mieux étudié l'organisation de la Confédération générale du Travail, dont les dirigeants ont écrit les lignes suivantes si pleines de sagesse :

Il ne convient pas seulement de descendre dans la rue. Il ne convient pas seulement de dresser la barricade, il ne convient pas seulement de faire la grève générale. Il faut avoir en soi, conçue, prête à appliquer et comprise par les gens qui doivent l'appliquer, la conception d'organisation nouvelle qui s'impose pour donner au Pays, pour donner à la Nation dans laquelle on se trouve, la possibilité de se développer dans un mieux-être et non pas au milieu de la famine. Car, il faut que nous

nous entendions bien sur ce point : la révolution qui aboutit à la famine n'est pas la révolution, c'est la destruction de celle-ci.

Voilà l'aveu par ses propres auteurs de l'impuissance du programme ; d'ailleurs quand l'occasion s'est présentée de prendre le pouvoir et de passer à sa réalisation, la C. G. T. n'a-t-elle pas reculé devant une telle responsabilité?

Causes de l'impuissance des auteurs des programmes précédents.

Ainsi que nous l'avons dit, aucun de ces réformateurs ne nous donne satisfaction complète. Sans doute, tous apportent de justes critiques contre l'organisation actuelle, tous indiquent les buts nouveaux à atteindre, définissent nos besoins, indiquent de bonnes réformes à accomplir, émettent des aspirations généreuses. Aucun d'eux ne décrit les moyens de réaliser un meilleur état de choses. Ils sont atteints d'impuissance et beaucoup s'en rendent compte.

C'est un de ces réformateurs qui écrit dans la *France Nouvelle :*

Ces hommes de bonne volonté et d'action voudraient aller de l'avant et rès vite, car le temps les presse et ils se sentent littéralement paralysés dans leur effort par ce *on ne sait quoi* qui fait redire cent fois la journée à des millie.s et des milliers de gens, cette phrase de défaite morale où se peint leur déconvenue et leur lassitude : « Décidément cela ne va pas ».

Cette impuissance qui se manifeste en face de la moindre réforme a des raisons profondes ; les principales sont les suivantes :

L'incompétence technique des réformateurs. Nous avons vu les effets de ce grave défaut dans la direction de nos affaires pendant la guerre ; quand la bureaucratie sent que celui qui commande ne connaît pas la question, il lui est aisé de faire surgir des difficultés, de trouver des objections. Et la force d'inertie reste triomphante quand le chef est incapable d'en comprendre les éléments et de se substituer aux sous-ordres de mauvaise volonté.

A la base de toutes les réformes se posent les problèmes techniques ; changer les formules, changer les mots ne dispense pas de les résoudre.

On peut également ajouter qu'à l'incompétence dans les problèmes purement techniques, vient s'adjoindre l'incompétence dans le domaine psychologique. Toute réforme entachée d'une méconnaissance de la psychologie de l'individu et de celle des peuples a généralement un résultat entièrement opposé au but poursuivi.

Le problème de la Paix est la continuation du problème de la guerre ; ce sont les mêmes questions techniques qu'il faut résoudre, les mêmes sciences qu'il faut emprunter, les mêmes facteurs moraux qu'il faut mettre en œuvre. Il est tout naturel que les mêmes hommes qui n'ont pas su résoudre le problème de la guerre, soient impuissants en face de son corollaire, le problème de la paix.

L'incompréhension de l'évolution. — L'Humanité tout entière est en période d'évolution rapide. C'est ce que ne comprennent pas nos réformateurs, ni nos gouvernants; ils ont vécu et vivent dans l'empirisme, c'est-à-dire dans la recherche du succès par des moyens qui l'ont déjà procuré, sans se préoccuper de la valeur de ces moyens, ni des changements survenus dans la situation. Tenter des méthodes nouvelles plus conformes à la justice, plus appropriées aux circonstances, plus adaptées aux besoins du moment, ils n'en ont pas l'idée. Non seulement il ont été entraînés par le torrent de la guerre mais ils n'en ont pas compris le sens. D'ailleurs, faute d'avoir fait l'effort nécessaire pour suivre les questions techniques, peu de gens ont compris par quel processus nous sommes arrivés à l'état de choses actuel; personne ne remonte aux sources du mal ; chacun se sent emporté par le courant qu'il n'a pas su dominer, et entraîné vers un précipice qu'il voudrait éviter, mais sans en apercevoir le moyen.

L'origine de notre ruine, la cause de notre épuisement, c'est la guerre « d'usure ». Voilà ce qu'il faut comprendre, voilà sur quoi il faut faire la lumière, si nous voulons trouver les sources de nos malheurs et les remèdes à apporter à notre mal.

L'absence d'une doctrine d'ensemble. — Que le gouvernement n'ait pas de programme, c'est chose grave, mais il y en a une plus grave encore, c'est que l'opposition n'ait pas non plus de programme.

Personne n'a encore formulé une *doctrine d'ensemble* qui donne des directives à toutes les réformes dont la nécessité se fait sentir, Aucune de celles-ci ne se conçoit de façon isolée. Pouvons nous, par exemple, résoudre le problème militaire ou le problème industriel, sans résoudre le problème de l'éducation, sans toucher au problème financier, sans connaître les questions sociales et économiques, sans nous attacher au problème international ?

La guerre a montré que tous ces problèmes étaient solidaires et n'en formaient qu'un seul; c'était alors le problème de la guerre, aujourd'hui, c'est le problème de la paix.

Ainsi apparaît la nécessité d'un programme unique, car si dans chaque branche, chaque milieu, chaque corporation, existe un programme particulier, on s'aperçoit vite à leur examen que des tendances spéciales s'affirment, et les réformes ainsi élaborées, vont se combattre mutuellement. Sous peine de rester dans le chaos, il nous faut donc établir une doctrine d'ensemble qui oriente toutes les réformes et coordonne tous les efforts.

Absence d'autorité morale. — C'est le mal le plus grand dont nous souffrons.

Les hommes qui ont dirigé la guerre l'ont exploitée. Ils ont eu peur de voir sortir des événements des hommes d'énergie et d'autorité. Ils ont étouffé les initiatives hardies. Aussi, contrairement à ce qui s'est toujours produit depuis que le monde existe, les vainqueurs de cette guerre apparaissent sans aucune influence au point de vue social, et ils ne compteront pas dans la direction des affaires publiques. Ils ont commis, pendant la guerre, des fautes trop graves qui, bien que voilées momentanément, n'en sont pas moins réelles; leur gloire est établie sur trop de morts.

Et la guerre n'était pas une question purement militaire limitée au champ de bataille, toutes les forces vives de la nation y sont intervenues. Tous les hommes au pouvoir ont leur part de responsabilité. Ce sont les classes dirigeantes tout entières qui se trouvent discréditées par leur manque de tenue. Elles ont retiré trop de profit des malheurs publics pour prétendre à l'autorité morale nécessaire pour guider la nation vers ses destinées.

C'est cette absence d'hommes jouissant d'une forte autorité morale qui nous vaut la menace du bolchevisme.

L'absence de sincérité. — Pendant la guerre, nous avons entendu les hommes qui la dirigeaient déclarer *insoluble, le problème de la victoire;* leur *manque de confiance* s'est traduit dans des formules restées célèbres : grignotage, guerre d'usure, inviolabilité des fronts, offensives à objectifs limités, etc.

Aujourd'hui les hommes qui sont à la tête de notre gouvernement proclament que le problème de la paix est insoluble. « La vie sera toujours chère, » a déclaré M. Loucheur. Comment apporter une solution quand on croit qu'il n'en existe pas ?

Aussi longtemps que nous n'aurons pas mis à notre tête des hommes ayant la foi dans leurs idées, exclusivement dévoués au bien public et dégagés de toute préoccupation d'intérêts personnels, ou de partis, nous n'aurons pas de solution possible.

LA SOCIÉTÉ FUTURE

Programme d'ensemble.

L'étendue des réformes à accomplir dans chacune des branches de l'activité humaine apparaît si vaste qu'elle correspond à l'établissement d'une véritable société nouvelle. N'est-ce pas, d'ailleurs, naturel de penser qu'une prodigieuse nouveauté sociale et politique doit naître du formidable conflit qui, pendant cinq ans vient de secouer et torturer l'Humanité? Le résultat doit être proportionné à l'effort accompli.

Mais, sur quelles bases faut-il établir la *Société future?* Que peut-elle être et que doit-elle être? Il nous faut accomplir la plus vaste révolution qui ait jamais été faite dans l'Humanité; mais révolution ne veut pas dire *destruction*. Ceux qui rêvent de faire tout d'abord table rase du passé ne sont que des rétrogrades qui nous ramèneraient à la barbarie, si toutefois c'était dans le pouvoir de quelques hommes de supprimer l'accumulation des efforts accomplis par l'Humanité dans les siècles passés. Dans l'état actuel des choses, il nous paraît impossible d'arriver à un résultat sans obtenir l'*union* de tous les citoyens sincères et éclairés. Or, les uns sont partisans des méthodes d'évolution, d'autres au contraire, les traditionnalistes, voudraient retourner aux méthodes du passé.

Pour mettre d'accord ces tendances qui paraissent divergentes, il faut que la nouvelle conception de la société conserve tout ce que le passé nous a acquis et donne en même temps satisfaction à toutes les aspirations nouvelles. L'évolution ne doit pas être opposée à la tradition. Nous sommes fiers de notre culture. N'est-elle pas précisément le résultat de la longue suite des siècles de civilisation vécus par nos ancêtres?

Après la terrible crise traversée par l'Humanité, il est naturel de penser qu'un état nouveau va surgir pour elle.

Lorsque l'oiseau a brisé la coquille de l'œuf où il s'est formé, la notion du mouvement se présente devant lui. De même devant l'Humanité, une ère nouvelle doit s'ouvrir.

La notion nouvelle qu'il est nécessaire d'introduire dans la société future est celle du *mouvement*. Si le lecteur veut bien excuser une autre comparaison d'ordre mécanique, disons que le véritable équilibre d'une société humaine n'est pas un équilibre *statique*, mais un équilibre *cinématique*, c'est-à-dire que son équilibre ne peut être obtenu que par le mouvement.

De même que l'équilibre d'une bicyclette ou d'une toupie se rompt aussitôt que le mouvement s'arrête, de même l'équilibre se rompt dans une société dès qu'elle a tendance à s'arrêter dans la voie du progrès.

Le problème de la reconstruction de la société, loin de comporter une destruction quelconque, consiste à donner une orientation et un élan nouveaux à la masse formée par l'agglomération des efforts de l'Humanité dans le passé. On peut dire que la société future devra être le produit des traditions du passé par les aspirations du présent.

Enfin, la société française ne saurait être isolée du reste de l'Humanité; dans l'état de solidarité qui unit actuellement tous les peuples, il faut tenir compte de leur interdépendance et, ainsi, il ne saurait exister de réformes uniquement nationales, toutes seront désormais dominées par le point de vue international.

Les bases de la reconstruction.

Avant de reconstruire la société, il est nécessaire de définir d'une façon précise les bases sur lesquelles elle doit être établie pour pouvoir vivre et prospérer :

1º *La paix extérieure — la sécurité.* — Nous avons trop souffert de la guerre pour que notre première préoccupation ne soit pas d'éviter pareille catastrophe dans l'avenir. Mais il ne suffit pas de vouloir la paix, il faut aussi vouloir le moyen d'assurer la paix; il faut vouloir remplir les conditions qu'exige la paix.

Deux systèmes sont en présence :

Le vieux système basé sur la force ; il n'a pas empêché la guerre, il se trouve donc condamné.

Le système basé sur la *Société des Nations*; c'est le seul qui puisse assurer au monde la Paix universelle. C'est le seul qui correspond à notre conception de l'Humanité, tendant de plus en plus à prendre la forme d'un être organisé.

Mais ce système exige la formation d'une Société des Nations viable et celle qui sort de la guerre actuelle apparaît comme un monstre condamné à la stérilité.

Quelles sont donc les conditions d'ordre technique et d'ordre psychologique, qu'il est nécessaire de remplir, pour assurer à la Société des Nations la vie et la fécondité ?

De même que dans un groupement humain, il faut qu'une autorité morale se dégage; il faut, dans la Société des Nations, comme dans tout être organisé, résoudre le problème de la tête.

La France seule peut être cette tête. De plus, seule elle est capable de dévouement, condition psychologique nécessaire pour assurer la fécondité dans toute association humaine.

Mais comment acquérir l'autorité morale nécessaire sur un ensemble de nations qui ne sont pas arrivées à un degré de civilisation aussi avancé que le nôtre et pour lesquelles l'autorité morale ne saurait exister sans le prestige de la Force?

Il faut que la France ait résolu le problème de sa propre sécurité. Il faut qu'elle joigne la Force à la Sagesse. C'est pourquoi le problème *militaire* se pose à nouveau pour la France à la base de la Société des Nations.

Mais ce problème militaire sera très différent de celui que nous avons eu à résoudre avant et pendant la guerre. Il s'agira maintenant bien plus de faire une nation forte que de constituer une armée puissante. C'est une autre organisation qu'il nous faudra donner à notre Armée et surtout une nouvelle mentalité qu'il faudra y faire régner.

2° *La paix intérieure — l'union.* — L'unanimité s'est faite sur ce sujet, il faut obtenir l'*union* de tous les citoyens, à l'intérieur de la société. Mais l'union ne saurait être obtenue qu'en la basant sur la *justice*. Dans l'état actuel de la Société, la justice n'existe pas et c'est la cause du malaise général? Pour éviter les conflits, il nous faudra prévoir un nouveau mode de répartition des richesses et plus généralement des « droits », que l'individu peut recueillir de la Société. Avec les besoins de plus en plus grands et complexes que crée l'état de société, l'individu ne se conçoit plus isolé. Les liens qui le rattachent à la collectivité sont de plus en plus nombreux; les bienfaits qu'il en retire sont de plus en plus grands. A de nouveaux droits et à de nouveaux devoirs doit correspondre un statut nouveau qui règle les rapports de l'individu avec la collectivité.

Il nous faut une formule nouvelle qui donne satisfaction aux besoins de la collectivité, sans briser les légitimes aspirations de l'individu. Il s'agit de définir la répartition des droits et des devoirs de l'individu par rapport à la collectivité.

Aujourd'hui l'individu est classé dans la Société au point de vue des droits qu'il en retire, suivant l'*argent* qu'il possède ou son aptitude à gagner de l'argent. Cette conception rudimentaire qui a rendu des services à la Société et a été dans le passé une source de progrès, se trouve aujourd'hui insuffisante, elle est périmée. L'individu a d'autres devoirs à remplir envers la Société que celui d'accumuler des richesses. A chaque devoir rempli envers la Société doit correspondre un droit. La nouvelle formule qui servira de base au nouvel ordre social ne peut être qu'une formule de justice : *Les droits du citoyen dans la Société doivent être proportionnés aux devoirs qu'il a remplis envers la collectivité.* La mise en application de cette formule constituera une révolution sociale beaucoup plus importante et plus profonde que la révolution de 1789.

La Société doit permettre à l'individu d'acquérir le bonheur. Assurément il est difficile de définir ce qui constitue le bonheur, chaque être humain en ayant une conception spéciale. La collectivité jouera son rôle dans l'acquisition de ce bonheur, en permettant le libre épanouissement de toutes les facultés de l'individu.

C'est ici qu'apparaît une nouvelle conception de la *liberté* de l'individu, auprès de laquelle celle dont nous jouissons actuellement n'existe pas. L'individu ne doit plus voir son activité limitée à une sphère étroite, mais avoir la possibilité d'user pleinement de toutes ses facultés; la seule condition à remplir c'est qu'il les oriente dans le sens de l'idéal de la collectivité.

En échange de cette liberté développée, l'individu doit à la Société la *sincérité*. Toutes les opinions sont bonnes et utiles à la Société pour avancer vers le progrès, mais à une condition, c'est qu'elles soient sincères. Les réalités se chargent d'arrêter les erreurs. Les hypocrites seuls peuvent égarer l'Humanité au milieu des difficultés qu'elle rencontre pour discerner la vérité.

En face d'un idéal commun unanimement accepté, seuls peuvent faire œuvre néfaste ceux dont les actes ne sont pas en accord avec leurs principes.

3º *La production.* — Après les ruines accumulées par la guerre, en face des besoins qui se manifestent, il est tout naturel et facile d'entonner l'hymne à la production. Le difficile est d'obtenir des résultats. La production n'est pas un problème isolé. Il est intimement lié à la solution du problème social. Le rendement maximum ne saurait être obtenu que si tous, ouvriers et patrons, satisfaits du statut qui règle leurs rapports et partage les fruits du travail commun, apportent « du cœur à l'ouvrage ».

L'application de la nouvelle formule sociale aux relations entre patrons et ouvriers, en donnant satisfaction aux deux partis d'abord et ensuite à la collectivité, doit rendre impossible tous les conflits, grèves ou lock-outs, qui paralysent la production.

L'intérêt de la collectivité exige que les instruments de la production soient placés entre les mains de ceux qui sont les plus aptes à les mettre en valeur, c'est-à-dire à en obtenir le rendement maximum.

Si ce sont les patrons, on leur laissera ces instruments; si ce sont les collectivités ouvrières, on n'hésitera pas à leur donner la possibilité d'acquérir des moyens de production; si c'est l'Etat qui est le meilleur industriel, l'Etat les exploitera lui-même.

Ce sont les faits qui régleront la question. Ce sont les résultats qui trancheront en dernier ressort. Il est possible que la solution diffère suivant les nations, dont chacune a ses qualités spéciales et ses mœurs particulières. Il est même possible que l'étatisme communiste donne de bons résultats en Allemagne, alors, qu'au contraire, l'individualisme continue à s'imposer en France. Résolvons les problèmes d'après les données qui existent chez nous, ayant d'essayer de les résoudre chez les autres où notre mentalité ne nous permettrait pas de les comprendre. L'intérêt de la collectivité doit, au sujet de la production, primer les intérêts particuliers.

Dans tous les cas, les collectivités ouvrières doivent être aidées; non seulement pour l'acquisition des moyens de production, mais au point de vue technique pour l'utilisation de ces moyens; et, cela, jusqu'au jour où leur éducation devenue suffisante leur permettra de se passer de tout concours étranger.

D'autre part, la guerre a amené entre les nations, une pénétration telle, que l'Humanité a pris, de plus en plus, la forme d'un être organisé. Le problème de la production est devenu un problème *international*, chacune des nations étant appelée à jouer au point de vue industriel et au point de vue économique, un rôle spécial approprié aux facultés qui lui sont propres.

Pour la France, il ne saurait être question de dominer dans tous les genres d'industrie et sur tous les marchés.

Pour elle, il conviendra dès lors de définir les industries qui lui sont spéciales; celles où elle sera bien placée et où elle sera certaine de réussir. L'industrie la plus importante de la France est actuellement l'industrie agricole qui lui procure les deux tiers de ses revenus. Notre problème économique se trouvera résolu si nous pouvons augmenter, doubler son rendement; ce qui est possible, avec les méthodes nouvelles.

A côté de l'industrie agricole, nous sommes tout désignés pour les industries se rattachant aux manifestations de la pensée, aux arts, aux inventions, aux sciences; la beauté de nos sites nous invite aussi à développer le tourisme, l'hôtellerie, etc. Enfin, nous possédons des richesses naturelles, tout au moins suffisantes pour nous-mêmes, si nous savons les exploiter : mines de fer, mines de charbon, chutes d'eau, etc.

Il suit de là que toutes les réformes que nous devons accomplir aux autres points de vue, financier, éducatif, militaire, etc., devront être orientées suivant ces directives générales.

4° *Idéal*. — Une nation ne saurait vivre sans idéal. Cette nécessité de l'idéal directeur, correspond d'ailleurs très bien à la notion de mouvement que nous avons introduite dans la Société. L'idéal, c'est, pour la Société, le point de direction.

De même que l'eau se corrompt dans les mares stagnantes, de même les mœurs se corrompent quand un pays s'arrête de marcher de l'avant dans la voie du progrès.

Quand la Société aura repris sa course à la poursuite de son idéal, les mœurs s'amélioreront tout naturellement.

Quel idéal peut convenir à la France? Quel grand but peut enflammer les imaginations, élever les cœurs et provoquer tous les dévouements? Il ne saurait en exister de plus noble et de plus haut que celui d'*assurer au monde la paix univer-selle*. Les Allemands, avant la guerre, avaient comme idéal : « *l'Allemagne au-dessus de tout* », c'est pourquoi le peuple allemand donnait cette impression d'ordre, de méthode et d'organisation. C'est parce que ce n'était qu'un idéal bas et égoïste, qu'il a abouti finalement à la catastrophe de la guerre.

L'idéal d'une France éclairant le monde et lui assurant la paix est en harmonie avec notre Histoire, et correspond à nos possibilités. La France n'aura qu'à continuer les nobles traditions qui lui ont fait jouer jusqu'ici dans l'Humanité, le rôle sublime de champion du Droit.

La loi du mélange.

La Société a ainsi ses moyens d'existence, et son but est bien défini. Pour l'atteindre, son chemin est tracé : le Progrès. Mais quelles sont les conditions du Progrès ? L'Histoire de l'Humanité nous montre que la guerre a toujours été le point de départ de nouveaux progrès. Mais la guerre n'était que l'occasion qui permettait au progrès de se manifester. *Le sabre n'a jamais rien créé*, a dit Napoléon. La guerre produisait le contact des tribus, la rencontre des peuplades, le brassage des races, la pénétration des nations. Au-dessus des souffrances de la guerre, les hommes ont toujours su tirer parti des progrès qu'elle leur permettait de rencontrer chez leurs amis ou leurs ennemis.

C'est ainsi une véritable loi naturelle qui apparaît comme condition du progrès : *la loi du mélange*.

Dans la nouvelle conception du monde qui s'élabore, il est nécessaire de tenir compte des enseignements que nous donne le passé ; ce n'est plus à la guerre qu'il faut demander ce mélange des peuples et des individus ; celui-ci devra s'accomplir désormais constamment et normalement, grâce à l'organisation des Sociétés d'abord et de l'Humanité ensuite.

Et d'abord ce mélange, ce brassage, il faudra y procéder chez nous, car comment concevoir l'unité dans l'Humanité, si nous-mêmes sommes divisés. N'avons-nous pas vu pendant cinq ans de lutte, se perpétuer les petites chapelles ? Se développer l'esprit de caste ? Se former de véritables états dans l'Etat ? Les cloisons étanches nous ont causé trop de souffrances pour que nous ne fassions pas tous nos efforts pour les supprimer.

Le Haut-Commandement, lui-même, souverain directeur des opérations militaires, nous a donné l'exemple frappant et coûteux d'un grand corps social ayant vécu en dehors des questions scientifiques, industrielles, sociales ; c'étaient là, cependant, les grands facteurs qui dominaient les événements. Les milieux scientifiques de l'Armée, la Section technique de l'artillerie, par exemple, se spécialisaient à tel point qu'ils vivaient dans l'ignorance la plus complète des progrès accomplis dans les autres branches de la vie nationale.

L'organisation de la Société devra donc être conçue de telle façon que les castes ne puissent pas se reformer, que les classes de citoyens aient tendance à se fondre ensemble, au lieu de se séparer ; que le mélange s'opère entre l'industrie et l'agriculture, entre l'Armée et la Nation, entre l'Administration et les Administrés, entre la théorie et la pratique, entre le capital et le travail, etc... En un mot, toutes nos institutions réformées devront tendre à provoquer l'unité nationale.

Le Gouvernement.

A la société ainsi constituée, il manquerait encore un organe, et c'est le plus important : le gouvernement. Là, encore, apparaît une conception nouvelle. Le temps des méthodes d'autorité, de compression et de coercition semble, en effet, avoir fait son temps.

Une seule autorité semble désormais acceptable, c'est l'*autorité morale*. L'homme qui la possède n'a pas besoin de faire appel à la discipline, celle-ci est volontairement accordée par ceux qui *suivent* le chef. C'est le principe même du gouvernement qui se trouve transformé. Le gouvernement sera désormais, dans la Société, le guide et non plus seulement le gendarme.

Quand le gouvernement ira de l'avant dans la voie de l'idéal national, tous les citoyens se rangeront derrière lui, l'ordre s'établira parmi eux automatiquement, et l'équilibre se trouvera réalisé dans la Société. Une nouvelle hiérarchie va se créer et sera basée sur les efforts accomplis et sur les services rendus à la collectivité. Ainsi se trouveront poussés en avant les hommes les meilleurs, les plus dignes, les plus dévoués à la chose publique.

Les principes de gouvernement appliqués aujourd'hui, basés sur l'autorité et la compression, apparaîtront comme aussi rétrogrades que ceux préconisés par Machiavel, bien qu'ils fussent en harmonie avec les mœurs de son temps. A une civilisation nouvelle doit correspondre naturellement une conception nouvelle de l'art de gouverner.

On le voit, c'est une élite qu'il s'agit de recruter et les vertus qu'elle comporte ne sauraient être le monopole ni d'une caste, ni d'une famille ; c'est pourquoi, la seule forme compatible avec cette conception est le régime républicain.

Si, en fait les pouvoirs de gouvernement paraissent se placer sur la tête d'un petit groupe d'hommes, c'est uniquement parce qu'il est la résultante des aspirations de la masse. Mais le mot *Pouvoir* n'a plus le même sens que dans notre organisation sociale actuelle. Poussé par une force irrésistible qui est précisément la résultante de ces aspirations, le guide marche vers la lumière qu'il a aperçue. C'est un rôle qu'un homme ne saurait jouer longtemps. L'homme qui conduit ainsi les collectivités et qui a la notion de l'immensité de son rôle, y dépense toutes ses forces et il doit s'user presque aussi rapidement que s'effrite l'outil qui fore la plaque de blindage. En quelques années, cinq ans, dix ans au plus, il doit avoir dépensé toute son énergie et avoir accompli le sacrifice de sa personne au profit de la collectivité.

Cette conception comporte dans la société une organisation telle qu'elle ait constamment un successeur tout désigné à lui donner.

Le spectacle que nous offre un troupeau de moutons nous permet une comparaison assez exacte avec ce qui se passe dans un groupement humain. Quand le troupeau s'arrête, on voit immédiatement apparaître la débandade et le désordre ; les moutons ayant perdu leur direction s'agitent dans tous les sens, on entend des bêlements de tous côtés. Le chien du troupeau parvient bien pendant quelque temps à maintenir le rassemblement, mais n'y rétablit pas l'ordre. La coercition devient rapidement impuissante. Mais, qu'un mouton de tête surgisse du sein même du troupeau, et provoque un mouvement dans un sens déterminé ; immédiatement, on voit l'ordre se rétablir et le troupeau débandé redonne l'impression d'équilibre et de force.

Voilà le problème qui se pose aujourd'hui, il nous faut des hommes ayant acquis, par les services rendus à la société, une supériorité morale sur leurs concitoyens et ayant une claire vision des besoins de l'avenir. Jusqu'ici, c'était le privilège des hommes de guerre qui avaient triomphé sur le champ de bataille. Nous avons dit pourquoi la guerre actuelle avait, au contraire, retiré toute autorité morale à ceux qui avaient conduit le peuple de France sur les champs de bataille ; les faits malheureusement le démontrent surabondamment.

Le problème de la tête reste donc à résoudre pour nous ; seule, la lumière sur les événements de la guerre peut nous apporter cette solution.

La raison.

La société organisée sur des bases solides, guidée par un gouvernement qui concrétise les aspirations de la masse, va pouvoir avancer dans la voie du progrès.

Eclairée par la Raison, c'est sur la *Science* qu'elle pourra s'appuyer. La Science, c'est l'ensemble des lois de la Nature que nous avons pu découvrir. C'est le seul moyen qui nous permette, d'après les phénomènes du passé, de définir les phénomènes de l'avenir.

Mais, qui dit loi, dit aussi obéissance à la loi. Notre effort devra donc consister dans la recherche des lois de la Nature et ensuite à conformer nos actes à ces lois.

Nous ne saurions espérer avoir une influence quelconque sur l'avenir, que si nous considérons le présent lié au passé par l'ensemble des lois qui lui rattachent l'avenir. Dans le domaine de la sociologie qui n'est qu'une branche de la science, notre constante préoccupation doit être d'analyser les événements du passé pour arriver à comprendre les lois qui régissent les sociétés humaines et, par elles, à nous orienter dans l'avenir (1).

Le problème de la Paix, qui aujourd'hui nous préoccupe, s'éclairera de toute la lumière que nous aurons pu jeter sur les événements de la guerre; car la Paix n'est que la résultante des facteurs mis en œuvre par la guerre. En dehors de cette méthode, il faut abdiquer toute prétention de nous conduire par la Raison et accepter d'être le jouet des événements et de la fatalité. Si nous comprenons ainsi la sociologie, cette branche aujourd'hui complexe et obscure deviendra une véritable science et ses lois nous permettront, en les respectant, d'éviter des catastrophes qui, comme celle de la guerre, ne sont dues qu'à la méconnaissance et la violation des lois essentielles de la Nature et de la Morale.

---

(1) Ainsi compris, le déterminisme ne limite en rien la liberté individuelle, mais les actes des hommes ne sont féconds et utiles que s'ils sont orientés dans le sens de l'évolution de l'Humanité. Ils sont forcément stériles et destinés à tomber dans l'oubli s'ils sont en opposition avec cette évolution.

Les actes des hommes sont par eux-mêmes des infiniments petits ; par le fait qu'ils ne sont pas du même ordre, ils sont par eux-mêmes pris isolément, impuissants à modifier l'orientation de l'évolution de l'Humanité.

RÉFORME MILITAIRE

Parmi tous les auteurs de programme de réforme, il est curieux de voir qu'aucun ne s'est attardé à la réforme du problème militaire; les uns, parce qu'ils veulent la suppression de l'Armée, les autres parce que, n'ayant rien compris des conditions techniques à remplir pour obtenir une nation forte, préfèrent passer le problème sous silence. La méthode a un double avantage : elle ne demande aucun effort à l'opinion publique et elle ne nécessite pas non plus l'effort néc s-saire pour rechercher les causes de notre faiblesse pendant la guerre.

Malgré la lassitude générale sur les questions militaires et les difficultés d'aborder actuellement les questions techniques relatives à l'Armée, nous commencerons, cependant, par l'étude de la réforme militaire. Les raisons sont les suivantes :

Nous avons eu la guerre, précisément à cause de la mauvaise organisation et du manque de préparation de notre Armée. Nous donnions l'impression d'être faibles, c'est pourquoi nos ennemis nous ont attaqués. La guerre nous a trop fait souffrir pour que nous ne recherchions pas les moyens qui permettront d'éviter une pareille catastrophe dans l'avenir.

La mauvaise *direction de la guerre* est la cause de notre malaise actuel, de l'état d'épuisement de notre race, du manque de confiance dans l'avenir. Elle nous a valu, avec la ruine financière, la perte inutile d'un million d'hommes.

Ce sont là les tristes conséquences de la funeste doctrine de la « *guerre d'usure* » adoptée par nos chefs militaires. Pour remédier à nos maux, n'est-il pas urgent et indispensable de remonter à leurs sources ?

Pour assurer l'exécution des *conditions de la paix*, il faut résoudre le problème militaire. Les charges qui ont été imposées à l'Allemagne sont telles que, pendant toute leur exécution, nous devrons avoir la force suffisante pour obliger nos ennemis à respecter leurs engagements.

Comme l'a expliqué M. Varenne :

« En principe, les réparations sont illimitées et les 125 milliards exigés en quinze ans ne sont présentés que comme une provision. Mirage ! il faut une forte dose d'optimisme pour imaginer que l'Allemagne paiera encore 10 ou 12 milliards par an dans vingt ans. »

Le problème de la guerre *n'a pas été résolu*. Il ne consistait pas seulement à obtenir la victoire du Monde entier sur l'Allemagne, mais surtout à assurer notre propre sécurité. Demain, quand les Américains et les Anglais seront rentrés dans leur pays, nous nous retrouverons face à face avec nos ennemis traditionnels et les dangers de la guerre seront d'autant plus grands que nous aurons imposé à l'Allemagne des conditions plus dures. Les peuples pauvres, n'ayant rien à perdre à déclarer la guerre, ont toujours été les plus belliqueux. La paix que nous venons de signer ne nous assure qu'une sécurité factice, car les clauses du traité à ce sujet sont absolument illusoires; par exemple :

La clause de la limitation des effectifs; pendant quinze ans, l'Allemagne pourra reconstituer, en un an, une armée de 4 millions d'hommes;

La clause de la limitation des armements, la conception des armements compliqués, lourds, ruineux, a été la principale cause de la durée de la guerre. Demain, des armements nouveaux pourront permettre à l'Allemagne de reprendre, àl'improviste, la supériorité de la force;

La clause défendant à l'Allemagne toute fortification à moins de 50 kilomètres du Rhin; quelle sera, demain, avec les armements nouveaux, l'importance de la fortification? L'essentiel, c'est qu'une armée soit capable de détruire l'armée adverse. Sans doute l'Angleterre et l'Amérique nous garantissent leur appui, mais il suffit de lire le texte des conventions passées pour se rendre compte de la faiblesse de l'aide qui nous est promise :

Considérant, y est-il écrit, qu'il y a danger que les stipulations concernant la rive gauche du Rhin et contenues dans le traité de paix signé à Versailles, à la date de ce jour, n'assurent pas immédiatement à la République Française une sécurité et une protection appropriées, considérant que sa Majesté Britannique est désireuse, sous réserve de l'assentiment de Son Parlement et *pourvu qu'une obligation analogue soit prise par les Etats-Unis d'Amérique,* de s'engager à soutenir le gouvernement français, dans le cas d'un acte d'agression non provoqué, dirigé par l'Allemagne contre la France... La Grande-Bretagne *consent* à venir immédiatement à son aide.

Le problème de notre sécurité n'a donc pas mieux été résolu par nos diplomates que par nos hommes de guerre. C'est aujourd'hui qu'il faut le résoudre.

Il faut résoudre le problème militaire, parce qu'il est *la base du problème international.* On sait combien les nations se sont pénétrées, mélangées pendant la guerre. Les rapports qu'elles ont entre elles sont désormais réglés par des lois nouvelles et les problèmes nationaux ne se conçoivent pas pris isolément; ils sont dominés par les nécessités internationales. En principe, les relations nouvelles entre les pays se trouvent concrétisées dans la Société des Nations; mais la Société des Nations ne pourra assurer la Paix qu'à la condition d'être un être organisé, au lieu de constituer un véritable monstre, condamné à la stérilité, comme l'est la Société actuelle.

Il faut créer une Société des Nations viable et, pour cela, il faut d'abord résoudre le problème de la tête. Il faut, comme dans toute société humaine, une tête qui oriente et dirige les efforts; il faut, comme dans tout être organisé, un cerveau qui actionne tous les membres. Seule, la France, qui fut toujours à l'avant du progrès de l'Humanité, peut jouer ce rôle; seule, la France est capable du dévouement indispensable pour que la Société des Nations soit féconde.

Mais pour jouer ce rôle sublime, il faut que la France ait acquis sur les autres nations l'autorité morale nécessaire. Or, dans l'état actuel de l'Humanité, il ne saurait, entre les nations, exister aujourd'hui de véritable autorité morale, que si, à celle-ci, s'ajoute le prestige de la force.

Quelle influence peut avoir sur ces nations une France qui n'a pas résolu le problème de sa propre sécurité, qui n'apparaît à leurs yeux que comme une quémandeuse cherchant tout d'abord dans la Société des Nations une assurance pour sa propre sécurité et qui voit surtout dans sa réalisation la possibilité de se soustraire à un effort?

N'est-ce pas ce qui est arrivé à la Conférence de la Paix? M. Clemenceau déclarait dans son mémoire du 25 février 1919 que notre sécurité n'était pas assurée et il acceptait néanmoins les clauses du traité, faute d'autorité morale suffisante pour faire admettre une conception plus juste et plus logique.

Seule, une solution au problème militaire peut donner à la France, avec la confiance en elle-même, l'autorité morale nécessaire pour faire prévaloir sa conception de la Société des Nations, et par sa réalisation, assurer au monde la Paix universelle.

Enfin, comme l'a dit Bossuet et l'a rappelé le général de Castelnau : *l'art militaire est le premier de tous.* Il est donc logique de l'étudier le premier.

« L'Enigme de la Guerre » comprend un programme complet de réformes au point de vue militaire et ce programme, exposé dès 1915, a été appliqué dans un plan de guerre, dont toutes les idées se sont trouvées confirmées par les événements, et se sont trouvées finalement consacrées sur le champ de bataille, en particulier dans les journées décisives de la guerre, du 15 au 18 juillet 1918.

Il ne s'agit pas de reprendre ici par le détail toutes les questions d'ordre technique qui se trouvent à la base du problème militaire. Il nous suffit d'en examiner les données principales.

Une réforme s'impose dans notre armée, au point de vue *technique* et au point de vue *moral :* Rendre seulement notre armée plus forte, ce serait rendre possible une guerre nouvelle, car depuis que le monde existe, on a toujours vu les armées puissantes tendre et aboutir à la guerre. C'est là la thèse dite nationaliste, elle doit conduire fatalement à de nouvelles guerres. La thèse internationaliste, qui veut le désarmement général, y conduit également : il ne suffit pas à un peuple d'être pacifique, il faut que ses voisins le soient aussi (1).

Il faudra donc que nous ayons une armée qui ait la force unie à la sagesse et qui, consciente du grand rôle qu'elle peut avoir à remplir, ne cherche pas à provoquer la guerre pour des buts d'intérêt personnel ou d'intérêt de caste. Avant de vouloir la Victoire, il lui faudra vouloir la Paix. Conception nouvelle assurément et cependant nécessaire, les événements nous ayant prouvé que pour avoir la paix, ce n'était point assez d'être forts ; les Allemands qui étaient forts, n'ont-ils pas déchaîné la guerre ? D'autre part, être sages n'est pas suffisant pour conserver la paix, nous avons payé trop cher en 1914 cette erreur. Réunir la force et la sagesse, tel sera le problème de l'Armée de demain.

L'idéal de la France sera d'être la *Reine de la Paix universelle*; c'est un idéal nouveau qui va s'imposer à l'Armée française. Son but ne sera plus de se préparer à vaincre l'armée de la nation voisine, mais d'être toujours prête pour faire régner la Paix entre toutes les nations. On conçoit que les problèmes techniques qui seront à résoudre se trouveront différents de ceux qui se sont posés dans le passé.

Au point de vue *moral*, c'est une transformation profonde qu'il faudra opérer dans la mentalité militaire. Ce n'est plus ni la haine, ni la crainte, ni l'ambition qui pourront être les grands facteurs psychologiques capables d'animer l'esprit de l'Armée ; ce sera, au contraire, le dévouement à la cause de l'Humanité qui devra constituer son mobile principal. On comprend toute l'importance et toute la profondeur de la réforme.

Si nous n'apportons pas dans l'armée cette réforme morale, la guerre aura peut-être détruit le militarisme en Allemagne, mais elle aura laissé chez nous cette plaie qui est une des causes de toutes les guerres.

Notre but doit être de faire une nation forte bien plus qu'une armée puissante. La force ne sera plus considérée comme un élément de violence, mais comme une manifestation de la santé de notre peuple ; elle est, d'ailleurs, la condition nécessaire de l'autorité morale indispensable à la France pour atteindre son idéal.

L'organisation du haut commandement doit être profondément modifiée. D'abord dans son recrutement, par l'appli-

______

(1) La paix basée sur le « Droit » et la « Justice » ne pourrait avoir quelque solidité que le jour où une haute autorité morale aurait converti toutes les nations à la même conception du « Droit » et au même sentiment de la Justice.

cation de la *loi du mélange*. L'art militaire étant le « premier de tous », il faut que les hommes qui se sont distingués dans l'industrie, dans la magistrature, dans le commerce, l'enseignement ou l'éducation, puissent à un certain moment de leur carrière avoir accès dans la hiérarchie militaire. Un industriel qui, par ses qualités, aura réussi à mettre sur pied une affaire importante, pourra, par exemple, entrer immédiatement dans l'armée avec un grade de colonel ou de général. Il en sera de même pour un magistrat distingué par ses services, pour un professeur remarquable par son enseignement, etc... Grâce à ce mélange constant, à cet apport d'hommes distingués et habitués à obtenir des résultats, nous ne rencontrerons plus chez les dirigeants de notre Armée, sur toutes les questions industrielles, sociales et économiques, cette ignorance qui les a caractérisés avant et pendant la guerre. La concurrence que les civils feront aux militaires, pour le plus grand bien de l'armée, imposera plus de zèle et plus d'efforts aux militaires de carrière.

Ces hommes qui auront prouvé par leurs succès dans les différentes branches leurs qualités d'intelligence et de volonté sauront faire profiter l'Armée de leur science et de leur initiative.

Nous introduirons également dans l'organisation du haut commandement le *principe de la responsabilité*; il faut que les chefs aient la foi dans les moyens dont ils disposent. Il faut que le général en chef lui-même croie à la victoire au point de répondre sur sa tête du succès de sa conception.

Il ne faut plus que dans l'avenir se présente le spectacle immoral de chefs qui, n'ayant pas la foi dans leurs moyens, continuent cependant la tuerie. C'est dans ce manque de foi et dans les conséquences qu'il a entraînées en morts inutiles et en ruines qu'il faut aller chercher les causes profondes du bolchevisme.

Enfin, *la formation des états-majors* sera aiguillée de telle sorte que seuls puissent arriver aux grades élevés les hommes ayant les qualités d'initiative, d'imagination et de prévision qui sont indispensables à la guerre. Il est insuffisant de faire l'éducation des hommes de guerre d'après les livres et les enseignements des guerres passées. La guerre est le triomphe de l'inédit. C'est pourquoi il faudra que nos états-majors recherchent constamment les conditions dans lesquelles les guerres futures se présenteront, sous l'influence des progrès de la science et de l'industrie. Il faudra qu'ils préparent leurs moyens pour répondre constamment aux conditions des combats futurs.

L'organisation de notre grand État-Major sera parfaite quand ce sera lui qui provoquera les progrès dans la science et l'industrie, pour résoudre les problèmes qu'il posera.

Si du commandement, nous passons à l'organisation de la *troupe*, nous rencontrons un élément qui s'est montré parfait pendant la guerre et au-dessus de tout éloge : c'est le Poilu. Aussi, il ne saurait être question, après la guerre d'imposer à ce « poilu » des charges militaires écrasantes par un emprisonnement de plusieurs années à la caserne. La guerre a montré que six mois de service étaient suffisants pour former de bons soldats, à la seule condition qu'on ait formé d'abord de bons citoyens, et qu'on ait su lui donner de bons chefs. C'est dire que l'instruction militaire ne sera faite dans la caserne que pendant le temps strictement nécessaire. L'instruction et l'entraînement des jeunes hommes auront lieu au début dans les communes et dans les chefs-lieux de cantons. Le temps passé à la caserne ne sera pas supérieur à un an. L'erreur actuelle est de croire qu'en abrutissant les hommes pendant des années à la caserne, on les commande plus facilement, grâce à un système de compression et de coercition qui n'a d'autre avantage que d'éviter un effort de la pensée chez le chef. La force principale des armées de demain, ce sera une discipline *librement consentie* et non plus une discipline imposée. Nous avons dans l'armée actuelle des chefs distingués par leur intelligence, par leur autorité morale qui n'ont jamais eu besoin de contrainte pour obtenir de leurs hommes le rendement maximum. Voilà les chefs qu'il faudra pousser aux premiers rangs de notre organisation militaire.

Ceci nous amène à une *réforme complète dans notre bureaucratie militaire* où il faudra faire pénétrer les méthodes industrielles. La sélection des chefs devra s'opérer d'après les *résultats* qu'ils auront obtenus dans les divers postes qu'ils auront occupés. L'application de la *loi du mélange* à l'intérieur même des cadres de l'Armée permettra d'éviter les rivalités de « boutons » qui nous furent si funestes. Celles-ci même n'existeront plus lorsqu'on aura enfin reconnu dans la pratique que l'Infanterie demeure toujours l'arme principale de la guerre, « la Reine des batailles » et que les autres armes : l'Artillerie, la Cavalerie, le Génie, l'Aviation ne sont que des armes accessoires qui devront lui être subordonnées. C'est l'Infanterie qui aura la liberté de ses armements et la direction générale du champ de bataille, et ainsi tous les grands chefs devront passer par l'arme principale.

L'armement devra constamment se tenir au niveau des progrès de la science. Il faudra le placer à la base même de notre doctrine militaire. Répétons que la guerre actuelle n'a été longue que parce que l'armement a été impuissant contre le retranchement et parce que nos chefs ont préféré déclarer le problème insoluble plutôt que de chercher le canon capable de triompher de la « Tranchée » et de ses fils de fer.

S'ils avaient ainsi envisagé le problème, la solution eût été immédiate.

Pendant de nombreuses années vraisemblement, cette même conception de la guerre restera vraie et nous devrons organiser l'outillage de notre armée de telle façon qu'il puisse triompher facilement et rapidement de la fortification adoptée par nos ennemis.

L'armement devra être étudié en vue d'une offensive *« audacieuse et rapide »*, car l'esprit d'offensive est une nécessité d'ordre psychologique pour une armée et surtout pour une armée comme celle de la France. Mais il faudra aussi étudier les conditions d'une défensive *« extrêmement circonspecte »* qui sera, elle aussi, en avance sur les moyens d'attaque appliqués chez nos ennemis.

Le moyen d'aboutir dans ces réformes ne saurait se trouver qu'en faisant la lumière la plus complète sur les événements de la guerre ; elle dégagera l'autorité morale des hommes qui ont défendu des idées justes pendant la guerre et qui, seuls, sont capables d'accomplir des réformes aussi profondes, et d'exiger la sincérité dans tous les services techniques.

Si nous nous contentons de proclamer que notre bureaucratie militaire a remporté une victoire éclatante, n'attendons pas qu'elle change d'elle-même des méthodes qui ont si bien réussi. Elle se fortifiera dans sa place, s'enfoncera dans ses erreurs et celles-ci nous prépareront les mêmes conséquences.

Il faudra montrer que la guerre a été prolongée par l'absence de doctrine et de méthodes. Il faudra prouver que dès 1915 et 1916, l'Armée française avait, à elle seule, les moyens matériels de vaincre l'Armée allemande tout entière, et que si elle ne les a pas employés, c'est parce que notre hiérarchie militaire était hostile à toutes les idées nouvelles. Ce n'est que sous la poussée des événements ou lorsque nos ennemis eurent eux-mêmes adopté ces idées que notre Haut Commandement a mis en service, en 1918, les engins blindés présentés en 1914 et 1915 ; ce n'est qu'en 1918 que nous avons adopté et seulement en partie, le canon d'infanterie présenté dès 1915.

Enfin, l'avion-transport, ou l'avion d'infanterie fut à peine appliqué pendant la guerre. Dans l'avenir, la sécurité de la France ne saurait être assurée que si nous savons faire usage d'une arme qui nous est propre, c'est-à-dire de notre faculté de produire sans cesse des *idées nouvelles* en avance sur les doctrines suivies par nos ennemis.

Ainsi, disparaîtra la désastreuse conception qui ne voit dans la guerre que la tuerie ; qui ne s'incline que devant le nombre, alors qu'en réalité, le véritable art de la guerre consiste dans l'application des idées nouvelles et des méthodes inédites.

Le problème de la *Marine* se résoudra naturellement sur les mêmes principes, car la guerre a révélé dans l'Armée de mer les mêmes défauts que dans l'Armée de terre ; cependant nous ne saurions ici rechercher le même but, il ne peut être question pour nous d'obtenir la suprématie des mers. Nous devons simplement réaliser une association de nos forces aériennes, maritimes, terrestres, telle que l'ennemi ne puisse, en aucun cas, nous atteindre dans nos œuvres vives et menacer notre existence ; et là encore, la solution pourra être obtenue par l'application de moyens nouveaux qui provoqueront l'effet de surprise.

SOCIÉTÉ DES NATIONS

Dans l'ardent désir de paix qui anime l'Humanité, tous les yeux se tournent implorants vers la Société des Nations. En présence de l'horizon obscur qui s'étend devant l'Avenir, seule, elle apparaît comme susceptible d'assurer entre les peuples la Paix universelle.

La France, en particulier, se sent toujours menacée dans son existence : elle sait que lorsque ses Alliés seront rentrés dans leur pays, elle se trouvera seule en présence de son ennemi traditionnel. Le grand mot de Victoire sonnera faux à ses oreilles aussi longtemps que cette victoire ne comportera pas, pour elle, l'assurance de sa sécurité.

N'étant même pas certaine du concours de ses Alliés pour la soutenir dans une agression future, elle n'a plus qu'un espoir : c'est de voir se réaliser cette Société des Nations, qui seule, apparaît à ses yeux capable de la sauver.

Ce n'est pas seulement pour assurer la Paix que la Société des Nations semble indispensable ; c'est aussi pour assurer au monde la vie économique.

Par le fait de la guerre, les nations se sont pénétrées mutuellement, des relations nouvelles se sont établies, des besoins nouveaux se sont créés ; ainsi, apparaît de plus en plus la dépendance réciproque des peuples.

Des lois économiques jusqu'ici inconnues sont apparues et devront être respectées au même titre que les anciennes lois limitées au territoire national. Les différentes nations devront se spécialiser dans les industries où la nature leur a assuré les moyens d'exceller ; elle devront, au contraire, abandonner celles où leurs moyens naturels ne leur permettront pas de soutenir la concurrence de leurs rivales. Sur le terrain économique, l'harmonie entre les peuples ne peut être rétablie, sans de nouvelles catastrophes, que par la Société des Nations.

Pour la plupart des financiers, il ne saurait y avoir de solution que par des ententes internationales, dont la base serait également la Société des Nations.

Tous ceux, enfin, qui se passionnent pour la question sociale n'aperçoivent pas davantage de salut en dehors de la Société des Nations (1).

---

(1) La Conférence internationale de Berne, par exemple, proclame que : « la nécessité d'établir une base normale de *législation internationale* de travail est devenue doublement urgente à la suite du terrible bouleversement et des ravages énormes que la guerre a fait subir aux forces populaires. Le remède à cette situation, nous le voyons présentement dans *la constitution d'une Société des Nations*, appliquant une législation internationale du travail.

« La Conférence syndicale internationale réunie à Berne du 5 au 8 février, demande donc, à la Société des Nations, l'institution et l'application d'un système international réglant les conditions du travail. »

Malgré que la Société des Nations apparaisse comme d'une nécessité absolue pour assurer la vie et le bonheur de l'Humanité, celle qui sort de la guerre, bien que constituée par ceux qui en furent les apôtres, comme le président Wilson, apparaît comme frappée d'impuissance et condamnée à la stérilité.

Militairement, la France, malgré tous ses sacrifices pour sauver la Civilisation du monde, ne trouve même pas chez ses alliés d'hier, la certitude du concours qu'ils lui ont apportée pendant cette guerre.

C'est ce que dit M. Barthou au nom de la Commission du traité de Paix, en commentant les traités de garantie passés par la France avec l'Angleterre et les États-Unis :

Il est pourtant une garantie, et *non la moindre*, qui semble faire défaut. M. le Président du Conseil demandait qu'il n'y eût *aucun doute* sur le concours militaire que l'agression de l'Allemagne entraînerait de la part de la Grande-Bretagne et des États-Unis. A la question si nettement posée, *il n'y a pas eu encore de réponse, et le doute subsistera*, non sur la sincérité de la modalité de son exécution, tant que les conventions militaires passées entre les trois Alliés, avec l'adhésion préalable de la Belgique, ne compléteront pas les traités du 28 juin. *Il est impossible que la nécessité de ces accords* visant l'action combinée sur terre, sur mer et dans les airs, *ne frappe pas les Alliés, il n'y a pas, sans convention militaire d'alliance efficace qui puisse réaliser son but et remplir ses promesses.* « Donner et retenir ne vaut. »

Au point de vue *économique*, il semble bien que si la question est apparue aux négociateurs de Versailles, ils n'aient pas osé la traiter.

Ils n'ont pas osé définir les industries où chaque pays devait se spécialiser, malgré que le troisième des quatorze points du Président Wilson eût posé la question. Les fondateurs de la Société des Nations paraissent avoir eu peur de leur œuvre ; certes, ils ont reconnu que le protectionnisme, c'était la guerre, et ont, en conséquence, proclamé la nécessité des échanges entre les nations, mais, immédiatement, ils ont élevé des barrières douanières pour paralyser ces échanges.

La situation économique mondiale ne saurait être plus confuse ni plus pleine de périls ; l'Humanité tout entière ne se trouve-t-elle pas menacée de la famine avec toutes ses conséquences ?

Dans le domaine *financier*, il en est de même, et n'est-il pas curieux de voir ces nations qui, hier, combattaient côte à côte, poursuivre, chacune avec une âpreté sans pareille, la domination financière.

La guerre n'aurait donc servi à rien et irions-nous recommencer, dans la Paix, les luttes économiques et financières, préludes de guerres nouvelles ?

Pourquoi donc la paix dont le monde a tant besoin reste encore menacée ? Comment se fait-il que nous restons dans

le chaos économique et que le problème *social* se pose avec
une acuité sans précédent dans l'Histoire ?

Quelles sont donc les causes profondes qui font que la
Sociétés des Nations soit impuissante ?

Elle a cependant été créée sous l'impulsion d'une volonté
unanime; tous les partis, dans tous les pays, se sont ralliés à
elle, et tous les hommes souhaitent avec ardeur de la voir
vivre, prospérer et produire.

S'il suffisait de lui donner des statuts pour lui assurer la
vie et la fécondité, le problème serait résolu. Il ne l'est pas,
parce qu'à la base de tout groupement humain, il y a des lois
psychologiques qu'il faut respecter et parce que ces lois ont
été méconnues dans la Société des Nations.

Pour qu'une Société soit viable et féconde, il faut qu'à son
origine se trouve un *dévouement* à la chose commune, et à sa
tête une *autorité morale*. Le dévouement existe dans la Société
des Nations, la France s'est sacrifiée pour l'Humanité, elle a
versé son sang et risqué son existence pour la Civilisation.
L'Univers entier le reconnaît et il sait que demain, encore,
l'Humanité pourra compter sur le dévouement de la France.

Ce qui a manqué dans les fondements de la Société des
Nations, c'est une *autorité morale*. Aucune ne s'est dégagée
dans cette guerre d'une façon suffisamment éclatante pour
faire admettre sa conception. Cette autorité morale devrait
tout naturellement revenir à la France qui a toujours été à
l'avant-garde du Progrès. Pourquoi donc la France n'a-t-elle
pas su l'acquérir et jouer dans la Conférence de la Paix, le
rôle de directrice ?

La raison, c'est que la France n'a pas résolu le problème de
sa propre sécurité; elle se trouve obligée d'implorer ses collègues, au lieu de les diriger, de les dominer moralement.

Dans l'état actuel de l'Humanité, la plupart des nations n'ont
point encore la notion d'un idéal suffisamment élevé et, pour
celles-ci, l'autorité morale ne saurait se concevoir que si elle
est accompagnée du prestige de la Force ! Il n'y a pas dans le
monde que des nations qui soient guidées par la raison et
toutes n'ont pas la même conception du Droit et de la Justice.
Quelle Société des Nations serait-il possible de fonder, par
exemple, avec la qualité morale des bolcheviks ?

D'ailleurs, si l'on veut aller au fond des choses, la Force
véritable, la Force qui n'échoue pas, comporte la pratique de
la Vertu, et c'est cette Vertu qui constitue pour une Nation la
base la plus solide de son autorité morale. La force brutale,
la force que concevait l'Allemagne, n'a que des rapports secondaires avec la Force morale qui lui *aurait été* nécessaire pour
diriger le Monde.

Dans un groupement d'hommes, celui qui n'a pas résolu le
problème de l'existence, celui qui est obligé d'abord de mendier

auprès de ses collègues pour vivre, a peu de chance d'acquérir sur eux la supériorité morale nécessaire pour les conduire.

Quand un industriel est acculé à la faillite et est obligé de céder la direction de ses affaires à une Société, il manque de poids envers ses associés pour faire prévaloir ses conceptions.

Dans la Société des Nations, c'est dans une situation analogue que se trouve la France; le problème de la guerre ne comportait pas seulement pour elle, la victoire du monde entier sur l'Allemagne; il consistait à assurer sa propre sécurité: pour cela, il fallait que l'Armée Française vainquît, à elle seule, l'Armée Allemande tout entière.

Ainsi auréolée par la vraie victoire, la France aurait aisément fait accepter au monde sa conception sage et logique de la Société des Nations.

Aujourd'hui, à cause des fautes qui ont été commises par nos chefs et par nos dirigeants, fautes qu'il est nécessaire de dévoiler, le problème tout entier de la Société des Nations se trouve à résoudre. Celle-ci restera une formule de légistes aussi longtemps qu'une des Nations n'aura pas pris un ascendant moral sur les autres et ne prendra pas la tête du Groupement.

La première condition à remplir, c'est que la France reprenne confiance en elle-même et qu'elle se sente assurée de l'Avenir; elle doit donc résoudre le problème militaire que n'ont pas su résoudre les chefs qui nous ont commandés sur le champ de bataille;

Elle doit résoudre le problème économique qui lui assurera son indépendance matérielle;

Elle doit résoudre, enfin, le problème social qui, faisant l'union véritable de tous les citoyens, lui permettra d'acquérir la force dont elle a besoin et la sécurité intérieure nécessaire pour jouer le rôle qui lui incombe dans l'Humanité.

Cette conception de la Société des Nations ne saurait, d'ailleurs, être considérée comme personnelle à la France, et il ne s'agit pas pour elle de l'imposer au monde entier. Elle mériterait le même reproche que l'Allemagne quand celle-ci voulait imposer à l'Univers sa « Conception du Monde ». Cette conception de la Société des Nations est celle qu'imposent les réalités; c'est la Science, ce sont les faits, les choses qui la définissent et non point la volonté d'un homme ou d'un peuple. C'est parce qu'elle est en concordance avec l'évolution naturelle de l'Humanité qu'elle se trouve réalisable.

L'Humanité tend, en effet, de plus en plus, à prendre la forme d'un être organisé, et c'est sous cette forme que l'idée de l'Internationale entre dans le domaine des réalités. L'Internationale resterait dans le domaine des rêves, si ceux qui la désirent, n'étaient pas capables de vouloir aussi les moyens pour la constituer, s'ils se refusaient à accomplir l'effort que nécessite sa réalisation.

Pour tout être organisé, il faut d'abord une tête, il faut quelque chose d'analogue au système nerveux, présent et actif dans tous les organes. Du cerveau part, ensuite, l'ordre qui, par un chemin inverse, arrive au membre qui doit exécuter le mouvement.

Sans l'action nerveuse, tout l'organisme devient une masse inerte et dépérit rapidement. L'Humanité est sur le chemin de cette formation. Nous sentons que, plus tard, c'est la pensée française, sa mentalité, sa gloire, son âme, en un mot, qui guideront les actes des autres nations, à la façon dont le système nerveux dirige les membres, bien qu'il soit invisible à l'observateur superficiel. Sans doute, nous ne sommes encore que dans une période transitoire, mais l'évolution de l'Humanité nous entraîne dans cette voie; elle tend vers la véritable unité. C'est dans le sens de cette unité que se trouve la voie du progrès. Cette unité ne veut pas dire égalité absolue des hommes ou des peuples. L'homme est la cellule du grand corps social. Le développement de l'organisme s'opère comme dans le corps humain par le groupement des unités élémentaires, et ceci donne naissance aux organes, aux membres, dont chacun a sa fonction spéciale à remplir.

L'unité sera atteinte quand tout l'ensemble obéira à la volonté de la Tête.

Si nous jetons un coup d'œil en arrière, nous nous rendons compte des stades successifs de la transformation qui s'élabore dans l'Humanité, et des phénomènes de violence qui ont toujours accompagné le passage d'un état à un état plus avancé.

Les guerres entre cités ont provoqué leur agglomération, laquelle a abouti aux provinces, de celles-ci sont nées les Nations qui ne sont que des sociétés de provinces. Il est tout naturel de penser que de la guerre entre nations doit naître la Société des Nations, c'est-à-dire, l'unité de l'Humanité.

Sommes-nous au dernier stade de cette évolution ou, au contraire, après la guerre entre nations, devrons-nous avoir encore la guerre entre races ? Nous devons faire tous nos efforts pour l'éviter, et nous l'éviterons, si, prévoyant les lois de l'évolution de l'Humanité, nous opérons nous-mêmes les transformations qu'elle exige, au lieu de les attendre de la violence des événements.

L'analogie d'ailleurs est frappante, quand on étudie les transformations que subit l'oiseau à l'intérieur de l'œuf. Avant l'incubation, les différentes parties d'où dériveront tous les organes de l'oiseau sont séparées les unes des autres et aucune communication n'existe entre elles. Mais dès le troisième jour, une circulation sanguine s'est établie; les cloisons ont progressivement disparu; c'est la *loi du mélange* qui a fonctionné. Et tout naturellement, on arrive à rapprocher ces cloisons des frontières qui séparent les peuples. Celles-ci se trouvent aujourd'hui trouées de milliers de brèches par les chemins de fer et les automobiles ; criblées de fils électriques ; déjà la télégraphie sans fil et l'aviation les ignorent ; et le jour peut ainsi apparaître prochain où ces frontières effritées par les progrès de la science, n'ayant plus qu'un caractère artificiel, tomberont d'elles-mêmes, comme disparurent jadis sous la poussée des nécessités, les frontières qui limitèrent les cités, puis les provinces.

Mais le point le plus curieux, c'est dans l'œuf la formation de la tête ; dès le troisième jour, on la distingue nettement au centre de la circulation sanguine ; au sixième jour, elle a déjà une forme voisine de sa forme définitive et ses principaux organes y apparaissent. Et ainsi, devient évidente, l'analogie avec la transformation que subit actuellement l'Humanité et la nécessité où elle se trouve, pour poursuivre son évolution, de résoudre le problème de la tête.

Aujourd'hui, c'est la condition indispensable à son développement et à son avancement dans la voie du Progrès et de l'Unité.

La France, centre de la circulation des idées dans le monde, est désignée ainsi par la nature même pour remplir cette fonction. La France remplit toutes les conditions nécessaires pour diriger la Société des Nations et préparer entre les peuples la répartition des diverses fonctions que comporte l'organisme d'ensemble. De la division de ce travail naîtra entre les peuples la véritable solidarité. La confusion provoque des malentendus. Le seul moyen d'établir dans l'Humanité une paix définitive est d'attribuer à chaque nation le rôle que lui méritent ses dispositions morales, intellectuelles ou matérielles. Aux Etats-Unis, l'empire du fer et de la production, à l'Angleterre, celui des mers et de la circulation, mais à la France, le règne de la Beauté et de la Pensée.

La France dans ce rôle de direction pourra prévenir les conflits, tandis que la Société des Nations actuelle, érigée en Tribunal, ne peut juger que les prétextes de guerre, et ne peut intervenir que lorsque le conflit est déjà arrivé à un état aigu.

Mais il ne suffit pas de déclarer que la France doit avoir le rôle de la tête et servir de guide à l'Humanité pour qu'elle soit suivie, pour qu'elle fasse accepter les lois communes et adopter une même conception de la justice et du droit ; il est de toute nécessité qu'elle ait un plan et un programme, qu'elle s'impose par son autorité morale et qu'elle fasse à cette association de peuples l'apport nécessaire de dévouement et de désintéressement sans lequel toute association humaine demeure stérile.

La France se doit à elle-même et doit à l'Humanité de faire l'effort qui est nécessaire pour résoudre ce problème de la tête. Le premier acte qu'elle doit accomplir, c'est de faire la lumière sur les grands événements de la guerre. L'avenir du monde exigeait la victoire de la France seule sur l'armée allemande tout entière; en 1915 et 1916, l'armée française avait les moyens suffisants pour remporter cette victoire; il faut rechercher les erreurs, les fautes, les crimes qui ont empêché la guerre de se terminer à cette époque. La lumière démontrera d'une façon éclatante que pour l'Avenir, la France aura toujours les moyens suffisants pour résister à toute agression.

Ainsi, comprenant quel rôle immense elle a joué pendant la guerre avec des hommes incapables à sa tête, elle reprendra confiance en elle-même, et en ces destinées. Le problème militaire consistera pour elle à placer à sa tête des hommes à l'esprit ouvert à toutes les idées de science et de progrès et dévoués à la chose publique; elle assurera ainsi sa propre sécurité et acquerra l'autorité morale qui lui est nécessaire pour faire accepter ses conceptions par les autres nations.

Son problème économique sera résolu par la richesse de son agriculture qui lui assurera une indépendance complète vis-à-vis des autres pays. Elle pourra ainsi se donner tout entière aux arts, aux sciences, aux productions de la pensée par lesquels elle remplira sa fonction qui est d'éclairer et de diriger l'Humanité.

Son problème social enfin, sera résolu par l'union de tous ses citoyens, et cette union, elle va la trouver précisément en remplissant la fonction qui lui échoit.

Les deux grandes factions qui semblent diviser la France : nationalistes et les les internationalistes ne vont-ils pas se trouver d'accord sur le terrain des réalisations?

L'obligation pour la France de résoudre le problème de la Tête dans l'Humanité, fait que le problème national se trouve posé à la base même du problème international. Les véritables nationalistes, qui veulent une France forte et ne se contentent point d'acclamer aveuglément une caste militaire dont les événements ont montré toute l'incapacité, exigeront la lumière sur les causes de notre faiblesse, leur sincérité ne doit pas leur faire craindre la disparition d'idoles dont la grandeur n'est faite que de l'ignorance générale.

Les véritables internationalistes qui veulent l'unité de l'Humanité ne se contenteront pas d'une internationale établie sur les nuages. Leur sincérité les poussera eux aussi à accomplir l'effort nécessaire pour passer aux réalisations, et ils ne reculeront pas quand leur idéal exigera, pour être atteint, la solution pour la France du problème de sa sécurité, condition indispensable pour remplir la fonction magnifique de la Tête dans le grand être organisé que doit être l'Humanité.

RÉFORME ÉCONOMIQUE

Les ruines accumulées par la guerre ont fait placer au premier rang des préoccupations, la question économique, et celle-ci, tendant de plus en plus à dominer la situation sociale, va bientôt s'identifier avec le problème politique; les réformes économiques, en eff t, seraient privées de leurs moyens d'action et de réalisation, si elles se dégageaient de la question politique.

Tous les esprits clairvoyants sentent que si, dans un *délai très rapproché*, une amélioration profonde n'est pas apportée dans notre régime économique, nous subirons une crise révolutionnaire violente et sanglante. Et ce serait tout le problème de la guerre posé à nouveau.

Est-il possible dans un *court délai* de remédier à la situation économique actuelle et de parer aux dangers qu'elle comporte? Sans hésitation, nous répondons : oui.

La France est dans la situation d'une affaire industrielle acculée à la faillite par l'incapacité de ses dirigeants, mais elle peut être sauvée par une direction nouvelle connaissant parfaitement les questions techniques, financières et commerciales. Cette nouvelle direction peut changer une situation désespérée en une situation prospère.

Il ne s'agit pas seulement de rétablir les anciennes sources de richesses ; plusieurs sont, d'ailleurs, complètement taries ; de nouveaux besoins sont apparus, qui comportent la création de nouvelles ressources pour les satisfaire. La guerre nous a placés en face d'une situation complètement nouvelle au point de vue économique, de tous côtés on cherche une solution.

S'il avait suffi d'entonner l'hymne à la production, nous nagerions aujourd'hui dans l'abondance; mais il faut croire que le problème est plus complexe, car celui-là même qui le premier a entonné l'hymne a immédiatement, par ses actes, paralysé cette production et arrêté l'élan qui s'était manifesté après l'armistice.

« Produire » est, nous l'avons vu, écrit au début du programme de tous les réformateurs, et ce n'est pas notre moindre motif d'espérer que de voir la classe ouvrière française poser comme but suprême aux efforts de tous, l'intensification de la production nationale. C'est la base même du programme de la C. G. T.

Tout est là : la production intense et portée à son maximum. Malheureusement personne, pas plus le gouvernement que les auteurs de programme, ne nous indique les moyens positifs et pratiques d'augmenter la production. Ce qu'il importe de retenir, c'est la volonté universelle; il est impossible qu'une bonne volonté aussi générale ne reçoive pas sa récompense. La nomination d'un *Conseil national économique* ressemble sans doute beaucoup aux décisions des Ministres qui, en face d'une difficulté, ne sachant pas quel parti prendre, s'empressent de nommer une Commission, se dégageant ainsi de l'effort indispensable pour trouver une solution. Mais cette proposition doit être interprétée bien plus comme une manifestation du désir d'aboutir à une solution pratique que comme l'aveu de l'impossibilité d'établir un programme complet et cohérent de la production.

Un fait cependant est certain: c'est que toutes les tentatives de remédier à la situation économique sont restées impuissantes; bien plus, loin de l'avoir améliorée, comme cela semblait naturel au sortir de la guerre, elles n'ont abouti qu'à un renchérissement général du prix de la vie.

Les taxations, les prix normaux, les réquisitions, les menaces, les poursuites ont eu pour résultat de paralyser le producteur ou de le porter à augmenter ses prétentions. Le mal est plus profond, il a des sources lointaines et il ne saurait être guéri par des remèdes superficiels.

Parmi tous ceux qui ont été employés, un seul a produit quelques résultats; un seul, en tous cas, a survécu, c'est le ravitaillement par les « Baraques Vilgrain ». Ecoutons ce qu'en dit E. Poisson, du Syndicat des Coopératives :

... Certes, ces organisations peuvent paraître, de prime abord, comme un *excellent remède contre la vie chère*. En réalité, il y a là un véritable trompe-l'œil.

Economiquement, elles sont inférieures, et de très loin, aux répartitions coopératives, car celles-ci vendent de tout et, par conséquent, leur action ne se borne pas à s'exercer sur les quelques produits vendus, à très bon compte, dans les baraques, mais parce que les frais généraux de ces dernières ne rentrent pas dans le prix et, qu'en dernière analyse, ils sont payés par les *budgets des administrations publiques*, c'est-à-dire, en définitive, par les contribuables. Le bon marché n'est donc qu'apparent.

Moralement, ces baraques constituent une forme de l'assistance. Mais si, de ce point de vue, elles sont admissibles pour quelque partie de la population, leur extension, c'est-à-dire l'assistance à tout le monde est un système déplorable qui perd même tout sens et ne résoud rien.

Socialement, elles peuvent avoir le plus déplorable effet. Quel est leur plus efficace résultat? Une fâcheuse éducation du consommateur. Loin d'apprendre à ce dernier ce que serait le juste prix, la baraque donne l'impression que quiconque ne vend pas à ses prix est un spéculateur et un mercanti. Impossible donc de distinguer l'intermédiaire, qui se contente d'un bénéfice normal, du spéculateur!

La politique économique du gouvernement apparaît bien comme impuissante; mais en existe-t-il une meilleure capable de produire des résultats réels?

Examinons le programme de la *Fédération nationale des coopératives*. Elle dit :

> Toutes les mesures de régularisation ne peuvent avoir d'efficacité que si les consommateurs exercent quotidiennement leur contrôle. A cet effet, il faut établir publiquement les prix de revient. Il faut que chacun puisse connaître ce que coûtent les denrées alimentaires, depuis leur lieu d'origine jusqu'au comptoir du marchand en détail ? Il faut donc créer, d'urgence, un Office national, voire un Office international, des prix et des stocks qui permettra d'établir exactement les ressources et les besoins de chaque nation.

Voilà pour le contrôle public et la publicité des prix. Pour la répartition des denrées, la Fédération dit à M. Noulens :

> Vous avez un ministère de ravitaillement. Organisez-le enfin. Qu'il dispose des moyens de transport terrestres, qu'il ait priorité partout, qu'il possède ses parcs nationaux et ses wagons spéciaux. Centralisez entre vos mains tous les services dispersés dans tous les ministères, ou à peu près et qui touchent plus ou moins directement au ravitaillement. Faites pour lui ce que, pendant la guerre, vous aviez consenti au ministère de l'Armement. Alors, la fabrication des armes avait la priorité. Puis, doublez ce grand ministère essentiel d'une Commission de représentants des municipalités et de coopératives qui répartira, fixera des *prix de vente uniques*, au moins par région, contrôlera l'état des stocks et recueillera les demandes.

Ce programme exige, en principe, une solution au problème international, c'est-à-dire la constitution d'une Société des Nations, active et féconde. On sait que ce n'est pas chose aisée.

Ensuite, il faut organiser les consommateurs ; il faut résoudre la crise des transports, etc.

Si tout cela était réalisé, évidemment la crise serait conjurée, mais il reste à solutionner toutes les questions préalables, et on n'a fait que reporter la difficulté sans la résoudre.

La question apparaît donc comme n'étant pas simple.

Étudions-la donc plus à fond et recherchons les grands facteurs qui influent sur la production et, plus généralement, recherchons sur quelles données fondamentales repose le problème économique.

Il s'agit d'obtenir dans la production le *rendement maximum*, mais pour cela, il faut que patrons et ouvriers y apportent tous leurs efforts ; il faut qu'ils y « *mettent du cœur* ».

Si nous n'avons pas établi un accord qui donne, à la fois, satisfaction aux aspirations des uns et aux desiderata des autres, le *rendement* restera faible. Ainsi donc, le *problème social* se trouve posé à la base même du problème de la production, d'où la nécessité de l'étude d'un *statut nouveau* qui règle d'une façon à la fois équitable et satisfaisante les relations entre patrons et ouvriers.

Les ouvriers demandent de jouer un rôle dans la production, ils veulent, suivant leur expression, *une part de gestion et de contrôle;* les patrons s'y refusent, se considérant comme expropriés. C'est une fausse conception du rôle qu'ils ont à remplir, comme classe dirigeante.

Ils trouvent des collaborateurs capables de les décharger d'une partie de la besogne.

Qu'ils aient donc un peu d'imagination pour trouver de nouvelles branches pour exercer leur propre activité.

Qu'ils marchent résolument de l'avant, qu'ils recherchent l'orientation nouvelle qu'exige l'industrie nationale.

La question économique tend à dominer le problème politique. Voilà un vaste terrain pour conserver leur influence directrice.

Et puis, les questions économiques comportent de plus en plus des ententes, des comptoirs, des trusts, des fédérations. Voilà de quoi alimenter leur activité.

L'Industrie va entrer dans une période d'évolution rapide. Le patron doit se tenir au courant des nouveautés scientifiques, des inventions. Il lui faudra changer rapidement ses fabrications, ses procédés, son outillage, ses méthodes, ses débouchés.

Et si cela ne suffit pas, il y a le rôle international à jouer par les industries nationales.

Que les patrons résolvent toutes ces questions, au lieu de demander à l'État de violenter les lois économiques pour les protéger; ce qui est la solution du moindre effort. S'ils sont incapables de remplir leur charge parce qu'elle est trop lourde, qu'ils ne refusent pas les concours qui s'offrent pour les aider.

C'est une nouvelle conception du rôle du patron qui se fait jour sous l'impulsion de la loi du progrès.

La machine tend de plus en plus à remplacer la main-d'œuvre, il est tout naturel que celle-ci tende à s'élever, à avancer dans la voie du progrès. Et, en fait, les ouvriers d'aujourd'hui sont dans un état d'instruction et d'éducation plus avancé que le contremaître d'il y a cinquante ans.

Le patron doit, lui aussi, suivre le mouvement; s'il veut rester sur la même conception du rôle qu'il a à remplir, il arrête le progrès.

Mais la question sociale n'est pas la seule qui se trouve à la base du problème de la production, Sur le même plan se pose le problème *international*. Par le fait de la guerre, les nations se sont pénétrées, non seulement militairement, mais aussi économiquement. Il ne faut pas croire qu'il sera possible désormais de les séparer et de les replacer dans l'état où elles étaient autrefois. Les lois économiques nouvelles, qui sont apparues, ne seront pas plus faciles à violenter que ne l'étaient les anciennes.

Par le fait de ces lois économiques nouvelles, des industries sont viables dans certains pays et sont condamnées dans d'autres pays. Il s'agit donc de se rendre compte, tout d'abord, des conditions économiques créées par la guerre, de définir les industries qui sont nécessaires à la vie nationale et celles qui sont superflues. Il ne s'agit pas, pour la France, dans l'état d'affaiblissement où elle se trouve, d'avoir la prétention de dominer dans tous les genres d'industries et sur tous les marchés. La France, par sa situation géographique et son climat, par le tempérament de ses habitants, est apte à réussir dans certaines industries, et ce sont celles-ci qu'il faut favoriser par tous les moyens.

L'Humanité, en prenant la forme d'un être organisé, oblige chacun de ses membres à remplir une fonction spéciale. Parmi les industries, où la France peut avoir une supériorité incontestée, se trouvent après l'agriculture, les industries du bâtiment, du luxe, du tourisme, de l'hôtellerie, des arts intellectuels, des productions de la pensée, tout ce qui, en un mot, est le propre de la fonction directrice qui revient à la France.

Cela n'empêchera pas d'ailleurs de développer les industries où, comme celle du fer, les ressources de notre sol nous assurent une position avantageuse.

Nous resterons dans le chaos actuel aussi longtemps que nous n'aurons pas compris les nécessités nouvelles créées par la guerre et que nous dépenserons nos efforts pour soutenir des industries qui sont condamnées chez nous, au détriment de celles qui, seules, sont réellement productives.

Quand nous aurons défini les industries propres à la France, il faudra placer les instruments de production *entre les mains de ceux qui sont le plus aptes à en obtenir le rendement maximum.* C'est ce qu'exige l'intérêt supérieur de la collectivité, lequel doit primer les intérêts particuliers.

Ce serait un problème très difficile à résoudre que de rechercher pour chaque instrument de production les plus aptes à le faire produire; quel détenteur reconnaîtrait bénévolement la supériorité de son voisin? Mais le problème économique n'est pas un problème isolé, et sa solution peut être facilitée par les solutions adoptées dans les problèmes connexes, le problème financier par exemple.

Notre solution du problème fiscal et financier est basée sur l'impôt sur le capital. Un prélèvement de 25 ou 30 % sera fait sur la fortune de chacun. Il ne s'agira pas de retirer brusquement de la circulation les 200 milliards nécessaires pour amortir nos dettes publiques, mais chaque citoyen verra son capital grevé d'une sorte d'hypothèque portant sur le tiers ou le quart de celui-ci. Il n'aura à payer chaque année que l'intérêt du capital. De cette façon, le capitaliste qui se sentira incapable de faire produire à cet instrument de production l'impôt de 5 %, aura avantage à le céder à celui qui se sentira capable d'en tirer un meilleur parti.

Nous verrons dans l'étude du problème financier que l'Etat se réserve le droit de racheter l'instrument de production pour le prix fixé par le propriétaire lui-même, dans la déclaration qui servira de base à l'impôt sur le capital. Ce'ui qui se sentira apte à faire rendre davantage proposera un prix supérieur et deviendra propriétaire.

Si nous nous bornions là dans l'application de notre principe : *les instruments de production entre les mains les plus aptes à en obtenir le rendement maximum*, nous laisserions de côté un des éléments qui, précisément aujourd'hui, proclame avec le plus de véhémence sa capacité productrice : la classe ouvrière.

Les groupements ouvriers, ou même les ouvriers isolés, seront mis en situation d'acquérir les instruments de production. La capacité de travail de l'ouvrier et ses connaissances techniques constituent un capital; il faut qu'il puisse participer à la production pour le plus grand bien de la collectivité. Pour cela nous établirons un système de crédit, grâce auquel ces coopératives ouvrières pourront se rendre propriétaires d'instruments de production : 20, 50, 100, 1.000 ouvriers s'uniront pour acheter des machines, des outils, des camions, une usine. Bien entendu les coopératives, ou ceux qui en font partie, se sentiront responsables de la perte de ce capital. Ils devront en subir les conséquences si leur gestion se montre insuffisante. Les ouvriers gagnant actuellement 20 francs par jour, soit 6.000 francs par an, chacun représente un capital de 50.000 francs au moins et ainsi groupés, ils pourront très bien prendre, en engageant 10 ou 20 % de ce capital, par équipe de 10, une petite exploitation, ou par équipe de 1.000, une grosse affaire industrielle.

Une étude approfondie permet d'affirmer que dans le cas où l'entreprise échouerait, les risques courus ne seraient pas supérieurs à 10 % du salaire de chaque ouvrier, et ainsi sa responsabilité ne dépasserait pas les garanties accordées par la loi sur les saisies-arrêt.

Mais, dira-t-on, les organisations ouvrières se rendent compte qu'elles ne sont pas éduquées et instruites suffisamment pour le grand travail de la production. C'est là que nous verrons si l'Etat, et plus généralement si les classes dirigeantes sont suffisamment sincères, si elles *veulent* par tous les moyens aboutir à un résultat, si elles *recherchent* uniquement le plus grand bien du Pays, au point de sacrifier les sentiments de luttes de classes qu'elles pourraient encore nourrir.

Les ouvriers manquent de connaissances techniques et de connaissances administratives; que des techniciens leur soient adjoints; que, au besoin, de bonnes volontés leur offrent leur concours. Voilà ce qui aurait dû être fait pour les équipes ouvrières qui se sont montrées insuffisantes dans la démolition des fortifications. Ceux qui les ont chargés de cette entreprise, n'avaient pas le profond, le sincère désir de les voir réussir. Si même, ils ont été heureux de les voir échouer, il faut proclamer bien haut que leur échec a été *malheureux* pour *l'intérêt général*.

Quelle que fût la perfection de notre organisation dans les diverses industries que nous exploiterons, nous ne saurions obtenir une solution satisfaisante à la crise économique dont nous souffrons, si nous ne nous basions pas sur l'agriculture.

Avant la guerre, sur 30 milliards de revenus annuels, l'agriculture en fournissait à elle seule : 20 milliards. C'est dans son développement que se trouve le secret de notre prospérité future et c'est elle qui peut nous sortir rapidement de la crise aiguë que nous traversons.

L'agriculture garantit l'indépendance des nations, comme elle assure celle des individus. Si nous exploitons méthodiquement cette branche, la France jouera un rôle infiniment plus grand dans l'Humanité que si elle cherche à dominer dans l'industrie du cuivre ou de la mécanique. Avec des méthodes rationnelles et scientifiques, nos agriculteurs pourront doubler le rendement de leurs terres. L'industrialisation de l'agriculture, l'emploi intensif des engrais et des machines agricoles nous donneront des résultats, au moins aussi bons que ceux qu'obtiennent nos voisins.

Et ces résultats peuvent s'obtenir rapidement par la fusion de l'Industrie et de l'Agriculture où doit s'appliquer la « loi de mélange ».

L'agriculture ne va pas seulement, en nous procurant les matières premières nécessaires à la vie, nous sauver de la famine et de toutes ses conséquences, elle, seule, peut venir en aide à notre industrie et lui permettre de faire bonne figure sur les marchés étrangers.

Pour lutter contre la concurrence étrangère, il faut abaisser les prix de revient. Sans doute, comme nous l'avons dit, nous ne pourrions avoir la prétention de dominer sur tous les marchés et dans tous les genres d'industrie. Nos ressources naturelles nous limitent à un certain nombre de produits; mais, même pour la plupart de ces produits, le facteur dominant du prix de revient, c'est la main-d'œuvre. Le problème se trouve ainsi rattaché au problème de la vie chère.

Quand bien même, nous augmenterions la production, il n'est pas certain que nous abaisserions le prix de la vie; nos prix de revient pourraient rester élevés. Nous sommes tributaires, d'une part, des pays producteurs de matières premières, et, d'autre part, nous nous sommes endettés pour faire la guerre.

L'agriculture permettra de diminuer le prix de revient des

objets que fabrique nôtre industrie en assurant à l'ouvrier des villes et des usines les produits essentiels à la vie.

Le décongestionnement des villes s'impose pour toutes sortes de raisons d'ordre, social, hygiénique et même militaire ; les villes doivent, par la force des choses, s'étendre « en surface » et déborder sur le domaine de l'agriculture.

La loi de huit heures ne se conçoit qu'avec des trains et dès métropolitains transportant tous les jours des ouvriers à 10, 20 ou 40 kilomètres des villes, dans les campagnes où chacun aura un jardin, un champ, une vache, etc., qui constituera la base de l'alimentation familiale. Dès lors, il ne sera plus nécessaire de donner à l'ouvrier de gros salaires en argent. Et ainsi, nous aurons abaissé du même coup le prix de la vie et des loyers et le prix de la main-d'œuvre. Ayant une nourriture saine et un logement agréable, une atmosphère pure, l'ouvrier se contentera de salaires plus bas et les prix de revient baisseront d'autant plus que la production se trouvera elle-même facilitée. La capacité de consommation de chacun se trouvera dans l'ensemble augmentée.

Le problème économique qui se manifeste sous la forme aiguë de la « vie chère » est encore dominé par des facteurs d'ordre psychologique.

Les ouvriers des villes ont bénéficié de la loi de huit heures, précisément à une époque où les travaux sont les plus longs et les plus pénibles dans les campagnes ; cette réforme, bonne par elle-même, a été appliquée d'une façon maladroite en la séparant du programme d'ensemble des réformes qui s'imposaient en même temps ; elle aboutit à une hausse générale des prix ; elle amena chez les producteurs agricoles un mécontentement contre les ouvriers des villes. Cet état d'esprit a provoqué entre le paysan et le citadin, une tension qui s'est fait sentir sur le prix des denrées.

N'étant pas sûr du lendemain, à cause du trouble social actuel et de la situation internationale, chacun, producteur et intermédiaire, cherche à tirer le plus grand profit possible des circonstances et à vendre au plus haut prix possible.

Autrefois, au contraire, le commerçant et l'industriel cherchaient à vendre au plus bas prix possible, de façon à se constituer un « fonds de clientèle » qui était leur véritable richesse. Nous ne verrons se rétablir cet état d'esprit que le jour où l'horizon se sera éclairci et que l'ensemble du pays aura repris confiance dans l'avenir, et cette question de confiance, c'est le problème tout entier du gouvernement qu'elle soulève.

On voit combien le problème économique est complexe ; nous avons cependant analysé les principaux facteurs qui le dominent, nous avons défini un certain nombre de principes qui nous fourniront une solution dans les divers problèmes particuliers qui se posent journellement dans la vie de la nation.

*****

Appliquons ces principes à quelques exemples concrets.

Les stocks de guerre. — Un des principaux facteurs de la vie chère est le manque de transports qui amène la multiplication des intermédiaires.

Un chou qui revient à 0 fr. 20 à Achères se vend un franc à Paris, parce qu'il a passé par plusieurs mains entre le producteur et le consommateur. De bons camions automobiles auraient supprimé cette série de parasites. Ce fut donc un crime d'avoir retardé pendant un an la liquidation des stocks de guerre et de ne l'opérer ensuite qu'avec une méthode de temporisation dont le but est de favoriser certains intérêts particuliers. Si 50.000 camions automobiles avaient été mis immédiatement en service dans toute la France au lendemain de l'armistice, les stocks de guerre eussent permis à l'agriculture de se développer immédiatement. Quand ils auraient vu les moteurs agricoles, les camions automobiles, les voiturettes bon marché se répandre partout, les agriculteurs auraient acheté ces engins. Les intermédiaires auraient disparu et se seraient transformés eux-mêmes en producteurs.

Plusieurs milliards de marchandises jetées rapidement sur le marché auraient fait baisser les prix, provoqué un mouvement d'affaires et aidé à reprendre confiance.

Les principes que nous avons posés nous auraient fait suivre une politique inverse de celle qui fut appliquée.

Nous reviendrons plus amplement sur cette question.

La fabrication du matériel de guerre. — Neuf mois après l'armistice, de nombreuses usines travaillaient encore pour le matériel de guerre. Il y a peu de temps, on fabriquait encore des tanks ; aujourd'hui encore, beaucoup d'industriels travaillent pour l'aviation. La crainte du chômage est la raison qu'on nous donne. Comment admettre pareille explication, alors que tout est à faire en France : les routes à reconstruire, les chemins de fer à rétablir, les pays libérés à restaurer, etc. Comment oser prétendre qu'il y a crise de charbon et de matières premières, alors qu'on les gaspille ainsi pour des fabrications inutiles ?

Les grèves. — Le Syndicat professionnel des Ingénieurs des Mines a, dans une lettre au ministre du Travail, à propos de la grève des ouvriers mineurs, traité la question de la vie chère dans les termes suivants :

... *La question des salaires et la cherté de la vie.* — Par l'effet d'une loi bien connue, l'augmentation du prix des denrées est une conséquence de l'augmentation des salaires. Elle croît même plus rapidement.

C'est pourquoi les ingénieurs des mines demandent aux ouvriers de modifier la forme de leurs revendications relatives aux salaires. Les salaires ne sont, *pour une certaine part*, qu'un moyen pour acheter les produits essentiels à la vie (pain, légumes, viande, vin, etc.). Que les ouvriers demandent aux patrons de leur assurer (individuellement ou par coopératives) ces produits à un prix fixe et inférieur de 20, 30 ou 50 pour 100 au prix actuel.

Les avantages directs et immédiats seraient une baisse du prix général de la vie. Le mercanti disparaîtrait sans mesures répressives, d'ailleurs aussi inefficaces que vexatoires.

Les industriels peuvent mieux s'organiser que l'ouvrier pris isolément pour obtenir un ravitaillement dans de bonnes conditions.

Quand même le patron perdrait deux ou trois francs par jour et par ouvrier sur ces fournitures en nature, le résultat serait, pour lui, le même qu'une augmentation de salaire de deux ou trois francs par jour. Il aurait à se procurer une nouvelle matière première nécessaire à son industrie, comme il le fait pour le bois dans les mines ou pour le minerai dans les hauts fourneaux.

Les industriels pourraient travailler sur un cas concret. Pour diminuer le prix de revient de cette matière première, ils seraient amenés tout naturellement à faire l'exploitation agricole directe.

Ils apporteraient dans l'agriculture des méthodes scientifiques et industrielles, alors que pour faire pénétrer ces mêmes méthodes chez le paysan français il faudrait de longues années d'éducation.

Partout on proclame la nécessité de déroutiniser l'agriculture. Voilà un moyen pratique et rapide.

Nous connaissons l'étendue de l'effort intellectuel qu'exigera des patrons semblable solution; nous savons toutes les difficultés qu'ils rencontreront. Mais nous, techniciens français, nous sommes là pour fournir cet effort intellectuel et nous nous chargeons de résoudre ces difficultés.

Si nous sommes amenés à discuter notre proposition devant les organisations patronales, il nous sera très facile de leur prouver que c'est leur intérêt d'adopter une semblable solution.

De nombreuses industries françaises se trouvent en péril par l'intervention des lois économiques nouvelles que la guerre a fait apparaître.

Nous ne citerons que pour exemple l'industrie automobile. Les débouchés, qui étaient de 20.000 voitures par an avant la guerre, en France, peuvent être actuellement évalués à 40.000. Or, les industriels de cette branche s'outillent pour fabriquer en France 400.000 voitures C'est une crise terrible qui se prépare s'ils n'adoptent pas des méthodes leur permettant de conquérir les marchés étrangers.

Les industriels pourront se trouver heureux à un moment donné d'avoir une exploitation agricole rémunératrice. Bon nombre d'ouvriers seront également heureux, en ce jour de crise, de pouvoir retourner à la terre, où on ne leur demandera plus le travail des bras, mais où le travail de l'intelligence sera combiné avec celui des machines. Et l'intérêt général surtout se trouvera sauvegardé par « ce retour à la Terre ».

On voit comment les principes directeurs que nous avons posés peuvent trouver chaque jour des applications pratiques. Le problème économique confus, complexe, se trouve aisément soluble quand il est éclairé par une doctrine précise qui fournit des solutions bien coordonnées pour remédier aux diverses causes de la vie chère : insuffisance de la production, insuffisance des transports, manque de fret, prohibition d'importation, inflation fiduciaire, grèves, etc.

RÉFORME FINANCIÈRE

Quand les spécialistes de la question financière déclarent que nous allons à la faillite, ils ne sont pas complètement dans le vrai. En réalité, nous sommes actuellement en état de faillite, et cette faillite ne donne que 33 %. Le franc-papier n'a qu'une valeur égale au tiers de la valeur du franc-or d'avant-guerre.

Si nous continuons à nous endetter, si le coût de la vie continue à progresser, la faillite ne donnera bientôt plus que 25 ou 20 %.

La situation n'est donc pas brillante, nul n'ose aborder nettement le problème, car, au lieu de nous endetter de 1 milliard par mois, il faudrait amortir, et demander 2 milliards par mois au contribuable. Or, le contribuable, avec notre système actuel, c'est le consommateur.

Que deviendrait alors le prix de la vie? Quelles conséquences d'ordre social ne produirait pas une hausse brusque de 50 ou de 100 % du prix des denrées?

Voilà où nous a conduits la « guerre d'usure » et les gaspillages qu'elle a comportés. Il nous paraît bien inopportun de chanter les louanges de ceux qui proclament avoir sauvé la France.

Ce sont, d'ailleurs, les mêmes hommes, les mêmes bureaux, les mêmes classes qui ayant si mal dirigé la guerre se sont chargés aujourd'hui de résoudre la crise. Auteurs du mal, il ne faut pas s'étonner s'ils n'apportent pas les remèdes.

En face de l'acuité de la crise de la vie chère, nul n'ose proposer des impôts nouveaux. Quand le ministre des Finances a essayé de poser la question, la C. G. T. s'est écriée :

L'annonce d'impôts nouveaux sans compensation dans la diminution du coût de la vie oblige les travailleurs à se prémunir contre les surcroîts de misère qui les guettent.

Et le Ministre des Finances a précipitamment retiré ses projets.

Quelques-uns prétendent que la solution ne peut venir que d'un accord international ; de la création d'une monnaie internationale, par exemple. On voit assez bien que si l'Amérique et l'Angleterre voulaient, elles pourraient nous aider à nous sortir de l'embarras ; mais nul ne peut résoudre ce problème psychologique qui consiste à rendre généreux des Alliés dont nous avons cependant sauvé l'indépendance sur le champ de bataille. Il faudrait établir une Société des Nations qui fût forte, active, féconde. Or, cette Société des Nations est actuellement impuissante, elle est condamnée à la stérilité. Pourquoi? Parce que tout le monde veut bien former une Société des Nations qui soit la panacée de ses propres maux, mais personne ne veut rechercher les conditions techniques qui doivent présider à l'établissement de cette Société, ni accomplir les actes de dévouement nécessaires pour lui assurer la vie et la fécondité.

Reporter la solution du problème financier sur le problème de la Société des Nations, c'est tourner dans un cercle vicieux ; la Société des Nations ne pourra être constituée que le jour où nous aurons résolu nous-mêmes nos problèmes militaire, économique, social et financier.

Il faut cependant trouver une solution, car la situation actuelle ne saurait se prolonger longtemps. Par le fait du système d'emprunts qui a été appliqué pendant la guerre, la France est divisée en deux classes de citoyens : les rentiers et les non-rentiers qui devront travailler pour les premiers ; circonstance aggravante, les non-rentiers sont en majorité, précisément ceux, qui ont déjà payé l'impôt du sang sur le champ de bataille.

Le sentiment de cette situation n'est pas étranger à la menace du bolchevisme. Le problème financier comporte donc tout d'abord un acte de justice sociale qui, seule, peut donner l'apaisement.

Nous ne saurons, d'autre part, rétablir la situation financière et le crédit de la France que si celle-ci respecte ses engagements

Or, ces engagements sont :

1° Le paiement de ses dettes ;

2° L'échange du papier contre de l'or.

Comment arriver à une solution avec le chiffre formidable de la dette de l'État ?

Nous avons vu comment le problème financier est lié au problème économique, en étudiant la *Réforme économique*, nous avons posé comme principe que : « Les instruments de production doivent être, dans l'intérêt général, placés entre les mains de ceux qui sont le plus aptes à en obtenir le rendement maximum. »

Nous avons vu également que le problème financier est lié au problème social. L'impôt du sang a été largement payé pendant la guerre, le Capital n'a pas payé le sien ; au contraire, il a profité d'intérêts exceptionnels. Il doit aujourd'hui payer son tribut.

Ces principes déterminent le sens dans lequel nous devons rechercher la solution du problème financier.

La solution qui sera adoptée doit :

Favoriser la production, alors que le système basé sur de nouveaux impôts va la paralyser ;

Diminuer le prix de la vie, dont l'inflation fiduciaire est un des facteurs importants ;

Apaiser la crise sociale ;

La fortune totale de la France était, avant la guerre, évaluée approximativement à 300 milliards. Étant donnée la perte de valeur du franc-papier, cette fortune peut actuellement être évaluée très facilement à 600 ou 700 milliards, le franc ne valant guère qu'un tiers de ce que valait le franc-or avant la guerre, au point de vue des échanges ; en réalité, d'après nos chiffres, la fortune de la France aurait baissé de 100 milliards.

Comme il est juste que toutes les sortes de capital participent à l'impôt, les capacités de travail de chaque citoyen seront évaluées et taxées au-dessus d'un chiffre correspondant aux besoins normaux de la vie. Il ne serait pas équitable que dans une profession libérale, ou autre, largement rémunérée, un citoyen fût exempté.

Les dettes de l'État s'élèvent à 150 milliards, déduction faite des créances sur l'Allemagne.

Prélevons un quart de la fortune de chaque contribuable. Ce prélèvement, effectué sur 600 milliards, permettra à la France de rembourser ses dettes.

Il ne s'agit pas de retirer brusquement de la circulation cette somme de 150 milliards, ce serait accumuler les faillites dans l'industrie et le commerce, et provoquer la paralysie dans les affaires. Chaque propriétaire ou possesseur d'un capital déterminé, souscrira un billet qui sera remis en paiement à l'État et portera un intérêt égal ou légèrement supérieur à celui des rentes de l'État.

Le capitaliste pourra, au lieu de souscrire un tel billet, rendre à l'État un titre de *rentes* équivalent. Dans tous les cas, devant payer des arrérages, il aura intérêt à rembourser l'État le plus rapidement possible.

Ces billets s'amortiront automatiquement à la mort des capitalistes dans une proportion déterminée. Des coupures de ces billets à ordre seront transmissibles par endossement, et ainsi la circulation monétaire ne sera pas brusquement diminuée. Le tiré devra chaque année le paiement des intérêts au porteur du billet.

Quand nous avons parlé de prélever 25 % de la fortune de chacun, il ne s'agit là que d'une moyenne. Les sinistrés de la guerre, ceux qui sont chargés de famille, ceux qui, en somme, ont, sous une forme quelconque, payé leur dette à la collectivité, bénéficieront d'un taux diminué suivant un barème établi ou même annulé. Au contraire, ceux qui ont fait leur fortune pendant la guerre, qui ne pourront pas la justifier d'après leur situation d'avant-guerre, se verront appliquer un taux augmenté jusqu'à 80 %.

On aperçoit les avantages d'une semblable solution.

Elle tendra à faire diminuer le prix de la vie en diminuant le taux des fortunes et l'inflation fiduciaire. Elle supprimera, dans une grande proportion, le luxe qui, utile dans la période de prospérité, est néfaste dans la période de misère.

Au point de vue de la production, devant payer un intérêt, les capitalistes se verront obligés de faire fructifier et de faire travailler leur capital; ainsi la solution du problème de la production sera facilitée.

Le propriétaire qui ne pourra pas tirer parti d'un instrument de production, aura intérêt à le céder à celui qui se sentira capable d'en obtenir un bon rendement.

Ainsi, les instruments de production se placeront presque automatiquement entre les mains les plus aptes à obtenir le rendement maximum.

D'autre part, ce ne sera pas un mal d'obliger à un nouvel effort de production, les commerçants et les industriels qui ayant fait fortune pendant la guerre ont perdu, dans un luxe inespéré, l'énergie indispensable pour faire renaître les affaires et les aiguiller dans le sens qu'imposent les nouvelles conditions économiques.

Par le fait qu'il laissera intact le revenu et les produits de l'industrie et du travail, l'impôt sur le capital ne découragera pas les initiatives.

L'impôt sur le capital amènera la suppression des impôts indirects, d'où diminution du prix de la vie et apaisement de la crise sociale.

Cet impôt donnera satisfaction aux capitalistes eux-mêmes, car l'argent qui leur restera sera échangé contre de l'or, et il reprendra sa puissance d'achat. Il s'agit en réalité d'une simple liquidation de dettes. *Qui paie ses dettes s'enrichit*, dit le proverbe; c'est vrai aussi pour les États.

D'autre part, le capitaliste aura une sécurité qu'il n'a pas actuellement. Il n'est pas possible d'isoler la question financière du problème d'ensemble; or, avec les méthodes actuelles, avec la crise économique et la crise sociale, le capital va courir l'aventure de la révolution; c'est de sa totalité dont il risque la perte.

Au point de vue international, l'impôt sur le capital améliorera immédiatement le change, ce qui permettra notre ravitaillement dans de meilleures conditions.

Une solution aussi énergique aurait le suprême avantage de donner à tous *confiance* dans l'avenir et aujourd'hui, on sent toute l'importance du facteur confiance.

Malgré tous ces avantages, il serait puéril de croire que la solution ne demandera aucun effort. Cet effort, au lieu d'être supporté par l'État, le sera par chaque contribuable qui devra s'efforcer d'économiser pour amortir sa quote-part de dettes. Mais, ce que nous savons de la gestion étatiste nous fait considérer comme une certitude absolue que la gestion du simple particulier sera la meilleure. Gérer un capital de 200 milliards. quand même il est négatif, ne saurait manquer d'amener les pires gaspillages.

Enfin, le problème financier n'est qu'un corollaire du problème économique ; pour le résoudre pleinement, il faut produire. Or, le revenu total de la France était, avant la guerre de 30 milliards et l'agriculture à elle seule en fournissait les 2/3. Elle pourrait aisément en fournir le double. C'est là seulement qu'est le salut économique du pays et la véritable solution du problème financier.

Pour établir l'impôt sur le capital, il faudrait faire une évaluation de toutes les fortunes. Mais la difficulté pourra être tournée en acceptant la déclaration du contribuable. Les différentes réformes d'ordre social et fiscal devront être combinées de telle façon que le contribuable ait intérêt à déclarer la vérité.

Nous verrons au chapitre de la *Réforme sociale* que les droits du citoyen seront proportionnés aux devoirs qu'il aura remplis envers la collectivité. Le paiement de l'impôt sera un des devoirs importants du citoyen.

D'autre part, l'Etat se réservera le droit de racheter les objets pendant cinq ans ou pendant dix ans, au prix déclaré.

En ce qui concerne les immeubles et les terrains, de profondes modifications seront apportées dans leur valeur par le fait des grands travaux qui seront entrepris pour l'extension des villes et par le développement des moyens de communication, l'Etat pourra, par le jeu des expropriations, profiter des plus-values. Enfin une amende assez forte pourra être infligée en cas de fraude.

L'inventaire des fortunes comprendra les divisions suivantes :

Immeubles bâtis, immeubles non bâtis.

Meubles proprement dits, titres sur l'Etat, titres industriels, créances.

Evaluation des fonds de commerce, d'industrie, des professions libérales, de la capacité de travail.

Le plus grave écueil de l'impôt sur le capital serait d'en faire un instrument de lutte d'une classe contre l'autre ; cela ferait perdre l'un de ses avantages principaux qui est l'apaisement social.

L'impôt sur le capital doit être avant tout un acte de Justice.

RÉFORME SOCIALE

Les événements du présent ne sont que les conséquences logiques des événements du passé. En dehors de cette conception, il ne saurait exister de science sociale.

Si nous n'admettons pas le déterminisme des événements, il faut renoncer à toute intervention de la raison pour nous orienter vers l'avenir. Nous devons accepter le hasard comme notre souverain maître et nous résigner à être le jouet de ces événements dont nous renonçons à découvrir les lois.

Mais, précisément, c'est le rôle de la science de nous apprendre qu'il y a une relation de causes à effets entre les conditions générales qui dominent le jour présent et les événements du lendemain.

C'est pourquoi, notre système social doit être considéré comme responsable de la catastrophe de la guerre et du désordre où nous sommes plongés actuellement.

La préoccupation de tout homme d'ordre doit être de sortir de ce désordre ; pour cela, il ne suffit pas d'un vague désir, il faut vouloir les moyens, il faut vouloir la suppression de la cause du désordre. Cela nous conduit à la transformation du système capitaliste qui est la base de notre organisation sociale actuelle.

Nous voyons très bien l'étendue du désordre : la guerre, les millions de morts, la ruine financière de l'Europe entière. Au point de vue économique, le régime capitaliste nous laisse en face de la famine ; au point de vue social, c'est l'arnarchie en France, il aboutit à la création de deux classes de citoyens : les rentiers porteurs de 200 milliards de titres et les non-rentiers condamnés à de véritables travaux forcés pour payer l'intérêt de cette formidable dette.

Si l'on prétend que ce n'est pas le capitalisme qui a causé tous ces maux, il faut bien reconnaître qu'il n'a pas su les conjurer. Or, il faut que l'organisation nouvelle de la Société empêche le retour de semblables catastrophes.

Mais, par quoi remplacer ce régime capitaliste qui, bien qu'il fût une source de progrès indéniables dans le passé, apparaît aujourd'hui comme périmé et impuissant à nous sortir du chaos actuel ?

En face de lui ne se dresse qu'une seule autre conception sociale : le Communisme et nous pouvons juger de ce qu'il vaut par l'application qui en est faite en Russie.

Ne nous arrêtons pas aux excès commis par les bolchevicks, ces excès peuvent provenir de troubles inhérents à toutes les révolutions et du déchaînement des passions, tâchons de dégager les doctrines de ce régime. Écoutons Lénine: dans un discours qu'il prononça au Congrès Panrusse de l'Économie nationale à Moscou en mai 1918, il définit la dictature du prolétariat :

Pour la seconde question de la signification précisément du pouvoir dictatorial unipersonnel au point de vue des problèmes spécifiques de l'instant donné, il faut dire que toute grande industrie technique — c'est-à-dire précisément la source et le fondement matériel productif du socialisme — exige *l'unité de volonté la plus absolue et la plus sévère*, dirigeant le travail simultané de centaines, de milliers et de dizaines de milliers d'hommes. Au point de vue technique comme au point de vue économique et historique, cette nécessité est évidente pour tous ceux qui ont réfléchi sur le socialisme ; elle a toujours été reconnue comme sa condition. Mais, comment peut être assurée l'unité la plus sévère de volonté ? Par la soumission de la volonté de milliers à la volonté d'un seul :

Cette soumission peut, en présence d'une conscience et d'une discipline idéales chez les participants du travail général, rappeler davantage la direction douce d'un chef d'orchestre. Elle peut prendre les formes dignes de la dictature, s'il n'y a pas la discipline et la conscience idéales. Mais, d'une façon ou d'une autre, la soumission *absolue* à une *volonté unique* pour le succès du processus du travail organisé sur le type de la grande industrie est absolument nécessaire. Pour les chemins de fer, elle est doublement et triplement nécessaire. Et c'est ce passage d'un problème politique à un autre ne lui ressemblant nullement en apparence, qui forme l'originalité du moment présent. La révolution vient de briser les entraves les plus vieilles, les plus solides, les plus lourdes auxquelles les masses obéissaient. C'était là hier, et voilà qu'aujourd'hui cette même révolution, et justement dans les intérêts du socialisme, exige la soumission absolue des masses à la volonté unique de ceux qui dirigent le processus du travail. Il est compréhensible qu'un tel passage soit impossible d'un coup. Il n'est réalisable qu'au prix des sacrifices les plus grands, de secousses, de retours au passé, d'une tension énorme de l'énergie de l'avant-garde prolétarienne qui mène le peuple vers le renouveau.

A-t-on jamais fait une apologie aussi éhontée du pouvoir personnel, de l'obéissance absolue?

Lénine reconnaît, d'ailleurs, comme impossible l'établissement du régime communiste pur. Il déclare que :

Sans la direction des spécialistes des différentes branches des connaissances et de la technique, le passage au socialisme est impossible, car le socialisme exige un mouvement en avant conscient en masse et une productivité de travail plus haute par rapport au capitalisme et sur les bases des conquêtes du capitalisme. Le socialisme doit réaliser ce mouvement en avant à sa façon, par ses moyens, disons plus concrètement : au moyen des Soviets. Et les spécialistes se trouvent inévitablement dans la masse de la bourgeoisie, en raison de toute la mise en scène de la vie sociale qui les a fait spécialistes.

Et Lénine avoue que pour obtenir le concours de ces spécialistes, la garde rouge ne saurait suffire :

Il nous a fallu maintenant recourir au vieux moyen bourgeois, et consentir un salaire extrêmement élevé pour les « services » des plus importants d'entre les spécialistes bourgeois.

Mais, c'est là la création de nouveaux privilèges, de nouvelles catégories sociales, d'une nouvelle classe ; et que devient alors le Communisme?

Ce système ne peut amener qu'un retour en arrière et, en France, où les masses ouvrières sont plus cultivées qu'en Russie, on les voit hésiter en face de la responsabilité qu'il comporte et craindre la réaction violente qu'il doit fatalement provoquer.

Si le capitalisme est périmé et si le Communisme n'est pas une solution, il faut cependant une formule nouvelle qui utilise tous les progrès, si péniblement acquis par le régime capitaliste, et qui donne satisfaction aux légitimes aspirations des masses.

Les événements marchent, et les besoins qu'ils créent n'attendent pas que nous soyons prêts pour en tirer le meilleur parti. Les impuissants d'un jour sont destinés à être remplacés par les mécontents.

Certes, aujourd'hui, la classe ouvrière est pleine de sagesse en reconnaissant son incapacité à prendre la suite des pouvoirs publics: mais cela ne constitue pas une solution; si ceux qui dirigent la masse des travailleurs ne se trouvent pas capables de rien changer au système actuel, ils seront culbutés et remplacés par des éléments plus violents.

Une révolution est nécessaire, il faut l'accomplir dans l'ordre et la douceur, sinon elle s'opérera dans la violence et dans le sang.

Cependant, quelle que soit l'acuité avec laquelle se présente la question ouvrière, elle ne constitue pas, à elle seule, toute la question sociale. Les ouvriers de l'industrie ne constituent qu'une minorité dans la Nation. C'est pourquoi on ne saurait considérer la question ouvrière séparée de la question d'ensemble.

Etant donné le danger que fait courir à la Société l'état d'esprit qui se manifeste actuellement, il faut appliquer une solution rapide; mais cette solution ne doit pas compromettre l'avenir; elle doit être orientée suivant le sens de la solution d'ordre plus général qui sera apportée au problème social.

Demain, quand les autres classes de la Société se seront organisées de la même façon que s'est organisée la classe des ouvriers de l'industrie, elles apporteront également leurs revendications, et il ne faut pas que l'harmonie de la Société soit à nouveau menacée.

Le problème social comporte l'établissement d'un statut nouveau qui règle les rapports entre l'individu et la collectivité.

Ce statut doit naturellement tenir compte de l'état d'évolution de la Société. Il doit définir les devoirs de l'individu envers la collectivité et les devoirs de la collectivité envers l'individu, c'est-à-dire les *droits* de l'individu dans la société.

Nous avons posé, comme un principe, la nécessité d'obtenir l'*union* de tous les citoyens. Nous voulons réaliser la Paix à l'intérieur comme la Paix avec l'extérieur. L'union ne saurait s'obtenir que dans la *Justice*. Nous avons déjà défini la formule de la Justice sociale.

Comme il serait humainement impossible d'obliger par la force tous les individus à accomplir leurs devoirs, il faut que chaque individu soit amené, par son intérêt même, à remplir ses devoirs envers la Société. La formule de Justice sociale, qui seule est capable de faire l'union des citoyens, ne saurait être que la suivante :

« Les droits de l'Individu dans la Société seront proportionnés aux devoirs qu'il aura remplis envers la collectivité. »

Nous sommes loin du système capitaliste qui proportionne dans la Société les droits de l'individu uniquement à l'argent qu'il possède.

Ce ne serait pas un progrès de substituer de nouveaux bénéficiaires aux possédants d'aujourd'hui. La réforme serait incomplète et à refaire demain, si elle n'avait comme résultat que de proportionner les droits dans la Société à l'aptitude de l'individu à gagner de l'argent.

On voit que la formule capitaliste est rudimentaire et on sent qu'elle doit céder la place à une formule plus parfaite. L'individu a d'autres devoirs à remplir envers la Société que celui de gagner de l'argent. Il n'existe pas seulement le Capital-argent, mais aussi le Capital-intelligence, le Capital-vertu; tous ont leur valeur au point de vue de la collectivité; l'imperfection du régime actuel réside précisément dans le fait que, seul, compte le Capital-argent, et que lui seul donne à son possesseur tous les droits dans la Société.

Dans la Société de demain, le Capital-argent continuera à jouer un rôle important. Généralement, d'ailleurs, il représente la pratique de certaines vertus, la possession de certaines qualités d'ordre, d'économie; il correspond à certaines aptitudes ou capacités utiles à la collectivité; mais désormais il ne sera plus le seul capable de donner des droits.

Pour montrer combien la Société actuelle est désordonnée, il suffit de constater comment la pratique de certains devoirs essentiels envers la Société, en entraînant la diminution du Capital-argent, réduit les droits de celui qui les accomplit.

Par exemple, avec notre système d'impôts indirects, le père de famille se trouve puni par l'Etat d'une amende égale au chiffre d'impôts indirects supportés par chacun de ses enfants, sur les objets de consommation.

C'est dire combien notre Société doit être remaniée de fond en comble puisqu'elle aboutit à de semblables immoralités.

Comment proportionner, dans la Société, les droits de l'individu aux devoirs accomplis envers la collectivité ?

Il ne s'agit pas d'instituer des tribunaux d'un nouveau genre pour peser les mérites de chaque citoyen. Nous voulons, au contraire, réduire le rôle de l'Administration, et pour cela, il nous suffit de nous baser sur des faits, sur des résultats que nul ne saurait contester.

Il nous faudra établir tout d'abord un *classement des devoirs* que le citoyen peut remplir envers la Société. Suivant son importance, chacun de ces devoirs sera affecté d'un coefficient.

Les principaux de ces devoirs seront évalués d'après :

Le nombre des enfants, l'importance de l'impôt payé, en particulier le montant de l'impôt sur le capital, l'importance du service militaire accompli, le degré d'instruction apprécié d'après les diplômes, la tenue d'une fonction publique; la création et l'exploitation d'une industrie; certains actes de dévouement et de bienfaisance envers la collectivité; l'accomplissement d'une fonction d'utilité publique dans une collectivité, un syndicat, une coopérative, etc...

La question sociale comporte également la question de solidarité qu'on appelle encore bonté ou charité. Il existe une tendance générale à la supprimer. Dans notre Société on ne parle plus que de *droits* et de *force* pour revendiquer ces droits. Or, le problème se trouve simplement déplacé, parce qu'une classe de la Société, la classe ouvrière, s'est organisée, a pris notion de sa force, et s'est développée. Elle commet une erreur si elle croit qu'elle peut supprimer dans l'Humanité tout ce qui est bonté, solidarité ou charité. Son développement même a été une source de souffrances ou une cause de déchéance pour ceux qui, étant moins bien outillés, n'ayant pas la même force pour travailler, ou les qualités nécessaires pour s'organiser, sont tombés dans la misère. Il y aura toujours des faibles à aider, des pauvres à secourir, des affligés à consoler.

En regard du classement des devoirs, il faudra établir également un *classement des droits*, c'est-à-dire des divers avantages, et intérêts d'ordre moral ou d'ordre matériel que peut procurer la Société:

Réduction des impôts, réduction du service militaire, avantages particuliers dans les services publics, accession aux fonctions publiques, retraites, sommes d'argent, vote plural, éligibilité, honneurs, décorations, droit à un costume distinctif, droit de préséance, non seulement dans les cérémonies publiques, mais dans la pratique courante de la vie, etc.

Notre intention est de poser seulement un principe et non pas de faire un exposé détaillé de tout le système. Les modalités que nous pourrions prévoir risqueraient d'ailleurs d'être caduques au moment de leur application; les circonstances nous guideront sur les classements et les besoins du moment nous détermineront la valeur des coefficients.

Entre les devoirs accomplis et les droits ou *avantages* à recueillir, il faudra établir la corrélation indispensable. La somme des devoirs accomplis par chaque citoyen donnera un total qui déterminera le rang de ce citoyen dans l'échelle sociale.

Ce rang comportera, d'une part, des avantages d'ordre moral comme le droit de préséance, les honneurs, les décorations, etc., des avantages d'ordre social, comme l'éligibilité, le vote plural, etc., et, enfin, suivant les goûts et les désirs particuliers de chaque individu, des avantages d'ordre matériel, entre lesquels il pourra choisir proportionnellement au rang qu'il occupera.

Il est inutile d'insister sur la tranformation profonde qu'un tel système va apporter dans la Société et dans les mobiles d'action des hommes. Il apportera nécessairement dans les mœurs une véritable révolution.

Mais ce changement profond n'est-il pas une nécessité aujourd'hui, et la question ne se réduit-elle pas, en somme, à orienter cette transformation de la société suivant une méthode logique au lieu de laisser les réformes s'accomplir dans l'incohérence, sous la poussée violente des événements ?

Qui pourrait s'opposer à un tel système ? N'est-il pas établi sur un principe de justice sociale ? Ne répond-il pas aux aspirations générales ?

Dans l'étude du problème économique, n'avons-nous pas posé en principe la satisfaction des aspirations de la classe ouvrière, condition que nous avons montrée indispensable pour obtenir le « rendement maximum » ?

Karl Marx lui-même ne l'approuverait-il pas, lui qui considérait *la période capitaliste comme passagère et comme devant être remplacée par un système plus équitable dans la répartition des profits* ?

Il a même l'avantage de ne pas se limiter aux profits matériels, d'être ainsi plus complet que le système de Karl Marx, car il ne considère pas seulement les « phénomènes économiques » envisagés par le réformateur socialiste comme les *mobiles déterminants de tout mouvement social*; il admet d'autres facteurs dans l'évolution des Nations que les *lois déterminées par l'état matériel de leurs habitants*.

En fondant de nouvelles classes de citoyens, il supprime la « lutte des classes » qui est stérile (1); mais il maintient l'ému-

---

(1) C'est peut-être sur cette question de la *lutte des classes* que se différencient le plus nettement la conception communiste et la conception du socialisme français.

Karl Marx a dit que l'émancipation des Travailleurs ne viendrait que des Travailleurs eux-mêmes, et il conclut de là à la lutte des classes.

Proudhon n'indiquait-il pas une voie toute différente quand il écrivait :

« Conférer au peuple les droits politiques n'était pas une mauvaise pensée, mais il fallait commencer par lui assurer l'accession à la propriété. »

lation des classes qui est féconde et utile pour le bien de la collectivité.

Il prépare cette fusion des classes qui est indispensable pour le progrès.

Avec lui, l'ambition devient légitime, car elle comporte la pratique de certaines vertus et le dévouement à la cause commune.

Il introduit une autre conception de l'autorité dans la Société, celle-ci ne sera plus celle de la personne, mais celle des faits, de la logique, de la vertu, de la science; ce sera *l'autorité morale.*

L'autorité même qui s'attache à la fonction se trouvera à chaque instant tempérée, limitée par l'autorité qui s'attache au rang acquis par la somme des services rendus à la collectivité.

Ce système instaure, enfin, le régime de la vraie *liberté,* de la liberté organisée et orientée suivant l'idéal collectif. Cette liberté est tout l'opposé de l'anarchie qui permet à l'individu d'accomplir des actes dans tous les sens, même dans des sens contraires aux intérêts de la collectivité.

Cette liberté n'a également rien de commun avec le régime sous lequel nous vivons, lequel n'a jamais connu même la notion de la liberté.

Nous n'avons, en effet, vécu jusqu'ici que sous le régime de l'autocratie. Quelque paradoxal que cela paraisse, c'est encore sous ce régime que nous vivons actuellement.

La démocratie telle que nous l'avons organisée n'a fait que déplacer l'autorité. Il n'y a eu, jusqu'ici, que la différence de noms entre les institutions démocratiques et les institutions autocratiques.

La révolution a conservé le système de la prééminence d'une classe sur l'autre; elle a changé la classe dominante, elle n'a pas changé de principe.

L'État actuel n'invoque plus le droit divin, mais il invoque le droit du plus fort, et au nom de la loi du nombre, une infime minorité s'arroge pratiquement le droit d'intervenir dans les moindres actes de la vie de l'individu.

Au point de vue social, notre régime ne conçoit que la forme de la justice distributive, c'est-à-dire, d'une justice émanant d'une autorité supérieure, jugeant et appréciant sans contrôle extérieur les actes et les intentions.

L'État actuel détient *précisément cette autorité discrétionnaire, il est l'arbitre qui rend à chacun ce qui lui appartient.*

Ce système a fait son temps; il nous faut aujourd'hui instaurer un régime de liberté, comportant la justice *commutative* qui, suivant Pascal, veut :

Que tout travail honnête soit récompensé ou de louange ou de satisfaction.

Le progrès consiste précisément à transformer la société de telle façon que l'homme trouve sa récompense dans la pratique même de la loi morale.

La réforme sociale ne serait pas accomplie si elle se limitait à des réformes isolées ; la liberté, en particulier, ne serait pas réa isée si elle ne s'alliait à l'*égalité*.

L'égalité doit être considérée objectivement bien plus que subjectivement. Bien que la classification que comporte le nouveau système social, établisse une hiérarchie, elle ne se trouvera pas contraire au vrai principe de l'égalité.

L'égalité ne saurait se concevoir uniquement dans les droits ; elle n'existe réellement que si les droits sont proportionnés aux devoirs accomplis.

Qu'est-ce qu'une prétendue égalité qui met sur le même pied le vice et la vertu ?

D'autre part, comment pouvons-nous prétendre que les hommes sont égaux, tant que leur classement ne sera déterminé que par la quantité d'argent qu'ils possèdent ?

La vérité, c'est que nous avons vécu jusqu'ici sans aucune conception de ce que peut être et doit être l'égalité.

L'égalité veut que chacun ait les moyens de développer librement ses facultés, de se cultiver dans la mesure de ses aptitudes. En nous plaçant au point de vue des rapports des citoyens et de la Société, chacun doit avoir la possibilité de *remplir le maximum de devoirs* envers la collectivité, et, par ce moyen, arriver aux plus hauts degrés de l'échelle sociale.

Revenons maintenant à la question ouvrière proprement dite, laquelle n'est qu'une partie de la question sociale. Elle ne saurait être résolue par l'augmentation du bien-être, l'augmentation des salaires, ou la diminution des heures de travail. La classe ouvrière est arrivée à un degré d'éducation différent de celui qu'elle avait il y a cinquante ans. Elle a besoin de développer ses nouvelles facultés. Il faut, pour cela, changer le statut qui régit les relations du capital et du travail, il faut modifier les rapports qui existent entre les ouvriers et les patrons.

Les ouvriers ne veulent plus qu'on les traite comme une marchandise, ils réclament une part de gestion dans les entreprises.

Si la Société favorise, à la classe ouvrière, l'accession à la propriété des moyens de production, elle aura créé une concurrence qui facilitera le placement des *instruments de travail entre les mains les plus aptes à en tirer le rendement maximum*.

Nous n'obtiendrons de résultats certains que si nous complétons notre action, non seulement par une réforme profonde dans l'enseignement et dans l'éducation, mais encore par une transformation dans l'organisation de l'industrie. S'il n'est pas possible d'abolir complètement les privilèges de la naissance, de l'argent, il faut, au moins, que les plus doués, les plus capables, les plus méritants soient appelés à exercer les fonctions de direction. C'est là la seule conception possible de l'égalité « objective ».

L'égalité « subjective » entre les individus ne saurait être obtenue que le jour où, par leur éducation, nous leur aurons inculqué la même conception du devoir et qu'ils le rempliront dans les mêmes conditions. Ceci comporte une transformation de la nature humaine et n'est pas dans le domaine des possibilités d'aujourd'hui. En attendant ce jour lointain, force nous sera de donner aux plus méritants des privilèges pécuniaires, sociaux ou honorifiques; sinon, c'est l'injustice et l'immoralité prises comme bases de la Société.

Si maintenant, nous jetons un coup d'œil attentif sur les événements, nous apercevons que la formidable Révolution que comporte le système social que nous venons d'exposer, est en voie de s'accomplir.

L'argent est en voie de perdre sa puissance, nombreux sont déjà ceux qui ont perdu confiance en lui; le régime purement capitaliste se trouve condamné non pas par la volonté des reformateurs impuissants, mais par les circonstances, par les faits et par les choses.

Au capital-argent tend à se substituer de plus en plus la capacité de travail, l'intelligence, l'énergie de l'individu. Les événements vont se charger d'enlever automatiquement à ceux qui n'en sont pas dignes, le patrimoine qu'ils détiennent pour le faire passer entre des mains plus capables.

Il ne saurait être question d'orienter suivant des vues personnelles la société future. Celle-ci obéit à des lois contre lesquelles les efforts d'un homme ou d'une collectivité sont impuissants; mais le fait de dégager une doctrine provoque la lumière, facilite la marche en avant, et évite des peines et des souffrances inutiles. Voilà le rôle des précurseurs et des apôtres. Ils n'ont pas d'action efficace sur le *but* vers lequel marche l'Humanité, mais seulement sur les chemins qui conduisent à ce but.

RÉFORME ADMINISTRATIVE ET GOUVERNEMENTALE

Ce sont les plus hardis des réformateurs qui, pour remédier aux maux dont nous souffrons, réclament une revision de la Constitution.

S'il suffisait, pour faire régner l'ordre et la prospérité, d'inscrire sur le marbre de beaux articles et de proclamer de grands principes, il semble bien que depuis longtemps le bonheur de l'Humanité serait réalisé.

La vérité, c'est que les textes sont impuissants par eux-mêmes et n'ont qu'une action insignifiante sur la mentalité, sur l'âme ancestrale qui, bien plus que les lois, les chartes et les constitutions, dirige les actes des peuples.

La Révolution française, par exemple, qui est considérée, généralement, comme le point de départ d'une ère nouvelle, n'a eu, en réalité, qu'une influence secondaire sur l'âme française pétrie pendant vingt siècles par le principe de l'autocratie. Après avoir proclamé la liberté, elle s'est montrée impuissante à la fonder et à la réaliser.

La révolution de 1789 a bien détruit l'ancien régime, mais, comme le dit J.-P. Proudhon, elle a détruit avec lui, nombre d'*institutions démocratiques et de magistratures indépendantes,* sans souveraineté propre, mais dont le jeu parvenait à *tempérer l'autocratie.*

De ces institutions, de ces magistratures, aucune n'a survécu et rien n'a pris leur place. *La Révolution n'a laissé debout que des individus.*

Ainsi, s'est renforcée et développée la forme exclusivement politique et administrative du régime. Parce qu'il ne trouve devant lui, au-dessous de lui, qu'une poussière d'individus, le pouvoir moderne, l'État, tel qu'il se présente maintenant à nous, a revêtu un caractère nouveau *d'unité* par la centralisation poussée à l'extrême ; de *souveraineté* totale parce qu'aucune puissance, *même limitée* n'existe au regard de lui ; *d'autorité* par la voie d'une bureaucratie universalisée mais irresponsable. Le Gouvernement ne se conçoit *qu'avec un attelage de législateurs, de préfets, de procureurs généraux, de gendarmes.* (J.-P. PROUDHON.)

Aussi, comme le fait encore remarquer Proudhon, le *lien social* ne s'établit plus latéralement, pour ainsi dire, d'homme à homme, de groupe à groupe, avec l'élément de réciprocité que de telles relations comportent, mais de *haut en bas,* de l'individu à l'État souverain et dans un seul sens, sans réciprocité ni responsabilité ; c'est l'inverse de la liberté.

Le résultat, après un siècle de ce régime, c'est qu'il n'est pas un acte de l'homme qui ne soit réglementé par l'État. Tout est réglé ou défendu par des décrets, des ordonnances, des lois, des arrêtés, qui ne font que se multiplier et arrivent à se contredire les uns les autres.

Ce qui est encore plus grave, c'est la mentalité qui s'établit et qui demande le renforcement indéfini de cette puissance de l'État. L'État est la *Providence* qui doit assurer la vie et le bonheur des individus.

Voici à titre d'exemple, ce que dit un programme de réformes.

« *Ce que nous attendons de l'État :*

« Le crédit étendu à la terre et au commerce, s'étendra au travail pris en lui-même, en appuyant les initiatives individuelles.

« Nous voulons l'ignorance devenue illégale, la pauvreté défendue; l'homme vivant dans l'aisance et la fortune, suivant ses mérites et ses capacités de travail, mais toujours dans le libre exercice de ses facultés physiques, intellectuelles et morales.

« Nous avons la foi d'arriver par cette réforme à la suppression des principaux fléaux qui atteignent les hommes, et dont l'unité politique et sociale des esprits ne sera pas le moindre effet.

« Nous y voyons encore la fin de la tuberculose et de l'entérite infantile; la délivrance des hôpitaux et de l'assistance publique, etc... »

Est-il possible de concevoir un organisme capable de remplir tant de fonctions; de tout prévoir, tout diriger, tout réglementer, tout organiser?

En fait, cela aboutit à notre Administration actuelle. Il faut son autorisation pour la plus petite affaire. Cela oblige le Parlement à légiférer sur toutes les branches de l'activité sociale; faute d'un plan d'ensemble, les lois se contredisent les unes les autres, leurs effets s'opposent. Nous sommes condamnés à l'impuissance.

L'autocratie sur plusieurs têtes n'est pas meilleure que sur une seule.

Tout le monde est d'accord pour transformer notre organisation bureaucratique. C'est devenu un cri général de demander qu'elle soit *industrialisée*. Il s'agit donc d'introduire dans notre Administration les méthodes employées dans le commerce et l'industrie; mais, ce n'est là qu'une conception superficielle, car nous voyons malheureusement toutes les maladies de notre Administration se reproduire dans les organisations privées, quand celles-ci prennent un développement important.

« Industrialiser » nos administrations n'a donc pas un sens bien net.

Sur quelles bases allons-nous établir la nouvelle organisation administrative et gouvernementale qui s'impose pour nous sortir du chaos actuel?

Les conditions de la vie nationale ont varié d'une façon trop complète pour que nous puissions nous contenter d'un empirisme qui rechercherait dans l'application des méthodes passées, les remèdes au malaise actuel et les satisfactions des besoins futurs.

Ce ne sont pas les principes qui nous font défaut pour instaurer la meilleure administration, mais il manque quelque chose à ces principes pour les mettre en pratique d'abord, pour leur permettre de porter des fruits ensuite.

L'insistance avec laquelle les réformateurs proclament qu'il est nécessaire de faire régner la discipline, d'obtenir l'obéissance, l'assiduité, prouve que la proclamation de ces principes ne suffit pas.

La période d'autorité a fait son temps. Il nous faut donc trouver d'autres méthodes pour rétablir l'harmonie dans notre organisation sociale.

Reprenons la comparaison de la Société avec le troupeau de moutons. Arrêté, il se débande immédiatement. L'ordre peut bien y être rétabli par le chien du troupeau. C'est ce qui correspond à la période d'autorité, de discipline imposée qui comporte des phénomènes de compression et de coercition. Quelle que soit l'activité du chien du troupeau, il n'y peut maintenir l'ordre que momentanément, le troupeau se débande à nouveau, et les bêlements recommencent rapidement de tous côtés.

Mais qu'un mouton de tête surgisse du sein même du troupeau et crée un mouvement dans un sens déterminé, immédiatement, nous voyons l'ordre et l'équilibre se rétablir dans le troupeau; chaque mouton trouve sa place et l'ensemble donne l'impression de l'équilibre, de la force et de l'harmonie.

C'est cette notion de *mouvement* qu'il faut introduire dans la Société. C'est ce problème de la tête qu'il faut résoudre. Il nous faut un gouvernement qui, ayant la notion des nécessités du moment, s'oriente nettement dans la voie du Progrès. Il synthétise alors les aspirations de la Nation, et celle-ci le suit dans sa marche en avant; l'agitation et le désordre ne renaissent que lorsque le mouvement s'arrête.

Par des actions réflexes, la Nation guide, en réalité, le gouvernement et ainsi le sens dans lequel elle évolue dépend bien en fait des aspirations de la masse.

Les lois, par l'effet du même phénomène, expriment les mœurs, mais ne les créent pas; leur seul rôle, c'est de les préciser en les codifiant, mais elles ne sauraient les faire naître.

Si, par hasard, les lois étaient dictées seulement par la volonté arbitraire de quelques-uns et non pas imposées par les circonstances ou les nécessités du milieu, elles apparaîtraient bientôt comme artificielles et seraient inappliquées parce que inapplicables.

Comme le dit Montesquieu : « On ne fait pas les lois, on les découvre. »

Une organisation de la Société basée sur d'autres principes est fatalement condamnée à disparaître dans un bref délai. C'est d'ailleurs ce qui arrive quand un gouvernement ne répond pas aux aspirations du peuple et ne satisfait pas les besoins de l'époque (1).

Cette conception du Gouvernement et de l'Administration, animée d'un mouvement dans la voie du Progrès, s'allie parfaitement à la conception de la liberté. Les citoyens ne sont plus enfermés dans des sphères étroites limitées constamment par les décrets et règlements de l'Administration ; ils ont la possibilité d'évoluer en toute liberté, à la seule condition qu'ils restent dans le sens même du mouvement général de la collectivité.

Sous un tel régime, il n'y a aucune crainte à avoir de la libre discussion des idées; si ces idées sont dans le sens de l'évolution, elles seront appliquées par la force même des événements; si elles sont, au contraire, en opposition avec l'orientation générale de la collectivité, elles sont fatalement impuissantes.

Les idées subversives ne deviennent dangereuses que dans la période d'arrêt du corps social ; la stagnation seule permet leur développement. La masse, qui sent le besoin de marcher de l'avant, se trouve prête pour écouter tous les discours.

Une réforme administrative et gouvernementale, qui tend à résoudre le *problème de la tête* dans la Société, ne saurait être conçue séparément de la réforme sociale générale. Celle-ci doit fatalement pousser au premier rang les hommes qui ont accompli le plus de devoirs envers la collectivité, c'est-à-dire ceux qui ont donné le plus d'exemples de vertus civiques.

Les hommes qui seront les plus aptes à diriger la Nation seront des hommes de foi qui, ayant la claire vision du but à atteindre, sauront se sacrifier pour atteindre ce but qui est l'idéal même de la Nation tout entière. Notre gouvernement et notre Administration n'apparaîtront plus ainsi comme un organisme arrêté et stabilisé, mais comme l'avant-garde et la

---

(1) Seely écrit au sujet de Napoléon dont l'œuvre s'effondra sous la pression des événements :

« Son rêve était l'humanité étiquetée, classée, brahmanisée, immobile sous son sceptre, et pour la maintenir, une noblesse faite à son gré, lui seul restant distributeur des empires, des royaumes, des richesses, des hautes dignités civiles, militaires ou religieuses...

« Dans cette société rien n'aurait manqué, ni le travail, ni la sécurité, ni le bien-être, *rien que la liberté;* car tous ces biens auraient été le prix d'une obéissance absolue.

« Les spectacles de la révolution lui avaient fait prendre la liberté en horreur et l'Humanité en mépris. Plus de liberté, plus de presse, plus de discussion, plus de concurrence; hommes, actes, opinions, livres, journaux, marchandises, tout devait être réglé, fixé, tarifé, et surtout soumis à sa merci. »

tête d'avant-garde de la Nation marchant à la conquête de son idéal.

Gouverner une Nation, c'est essentiellement la conduire vers son but, c'est lui assigner la mission qu'elle doit remplir.

Par conséquent, la première idée qui se présente, c'est de définir le but.

Or, si on posait la question à nos chefs de gouvernement et si on leur demandait vers quel but ils conduisent la Nation française, ils seraient sans doute bien embarrassés. Il est vraisemblable qu'ils ne donneraient comme sens au mot *gouverner* que celui d'*administrer*.

Ils répondraient probablement que gouverner, c'est :

Maintenir l'ordre, gérer les finances, assurer la sécurité, coordonner, commander, contrôler, etc.

Tout cela, c'est en réalité administrer, rien n'y définit nettement et clairement le but vers lequel doit tendre le corps social.

Gouverner, c'est marcher vers un but et cela implique l'idée de mouvement, tandis qu'administrer implique l'idée d'arrêt, de stabilisation, c'est assurer le fonctionnement régulier d'un organisme. Ce sont deux fonctions tout à fait distinctes.

M. Fayol, qui est l'auteur d'une étude magistrale sur l'Administration et qui cherche à créer une doctrine de l'Administration, part de la définition suivante :

Administrer, c'est *prévoir, organiser, commander, coordonner et contrôler.*

Prévoir, c'est-à-dire scruter l'avenir et dresser le programme d'action ;

Organiser, c'est-à-dire constituer le double organisme matériel et social de l'entreprise ;

Commander, c'est-à-dire faire fonctionner le personnel ;

Coordonner, c'est-à-dire relier, unir, harmoniser tous les actes et tous les efforts ;

Contrôler, c'est-à-dire veiller à ce que tout se passe conformément aux règles établies et aux ordres donnés.

Ainsi comprise, l'Administration n'est ni un privilège exclusif, ni une charge personnelle du chef ou des dirigeants de l'entreprise. C'est une fonction qui se répartit comme les autres fonctions essentielles entre la tête et les membres du corps social.

Il ne saurait être question ici d'étudier en détail le travail de M. Fayol. Nous prions le lecteur de vouloir bien s'y reporter. Nous voulons simplement en relever quelques principes qui nous paraissent incompatibles avec les idées que nous préconisons.

Tout d'abord, l'Administration est un art et non une science.

La science est caractérisée par ce qu'elle comporte des lois ; l'art comporte des règles. Il est impossible d'appliquer le mot *science* à une matière dans laquelle il n'y a « *rien de rigide, ni d'absolu* » ; où tout est « *question de mesure* », où l'on n'a « *presque jamais à appliquer deux fois le même principe dans des conditions identiques* », où « *il faut tenir compte des circonstances diverses et changeantes, des hommes également divers et changeants et de beaucoup d'autres éléments variables* », etc...

***

Les principes administratifs énumérés par M. Fayol semblent s'appliquer aux conditions de l'industrie dans le dernier demi-siècle plutôt qu'aux nécessités d'aujourd'hui ; l'industrie opérait alors sa concentration et tendait à l'agglomération. Il semble que pour rendre tous les services qu'elle était susceptible de rendre, l'étude de M. Fayol eût été mieux située en 1880. Elle eût alors été un guide précieux dans la période d'évolution que vient d'accomplir l'industrie. La période où nous entrons sera caractérisée par des besoins différents et nécessitera d'autres moyens pour y satisfaire (1).

***

L'impression générale qui se dégage de l'étude de M. Fayol c'est qu'elle s'applique à une industrie qui tend à la *stabilisation* ; l'administration y est comprise comme devant y assurer une fonction régulière et périodique de tous les organes.

Avec notre conception de la Société douée d'un mouvement en avant, les principes énoncés doivent être sinon modifiés, du moins interprétés dans un esprit différent. L'administration de M. Fayol est immobile ou, si les divers organismes sont doués d'un mouvement, c'est d'un mouvement périodique, d'un mouvement circulaire dans lequel tout, après une révolution, reprend la même position.

Comparée au mouvement d'un astre, elle étudie le mouvement de rotation de l'astre sur lui-même, elle ne tient pas compte de son mouvement de translation. Le déplacement de l'astre est cependant la résultante de ces deux *mouvements*.

***

A propos de la discipline, M. Fayol écrit que la *discipline est ce que la font les chefs. L'état de discipline d'un corps social quelconque dépend essentiellement de la valeur des chefs.*

______

(1) M. Fayol dit que « *son initiative n'a connu jusqu'ici que des approbations* ». Nous sommes moins heureux. Quand nous avons voulu, pendant et après la guerre, faire adopter des méthodes nouvelles nous n'avons rencontré que des oppositions. Cela ne tient-il pas à ce que les idées de M. Fayol s'harmonisent parfaitement à l'état mental général et à l'état de choses actuel ?

Nous voulons modifier cette mentalité et changer cet état de choses, aussi nous ne nous étonnons pas des obstacles de tous ordres qui se dressent devant nous dans tous les domaines.

L'état de discipline qui règne actuellement dans notre Société est voisin de l'anarchie, dans l'industrie, l'état d'esprit ouvrier n'est guère meilleur. Il est impossible, cependant, d'en conclure que tous les chefs sont mauvais. Il y a une raison d'ordre plus général à cette situation: ce sont les méthodes, les principes qui ont besoin d'être rénovés pour les harmoniser avec la mentalité des classes laborieuses. Cette mentalité a évolué depuis un demi-siècle, et il est impossible de lui appliquer la même conception de la discipline.

Dans les périodes rudimentaires où l'individu n'a qu'une éducation sommaire, on ne conçoit pas, en effet, d'autre moyen que l'autorité et la force pour gouverner des hommes réunis en groupes; mais il est naturel de penser que l'idée de discipline doit évoluer avec la culture de l'individu. La discipline que doit subir le moujik n'est exactement celle qu'on peut exiger de Français instruits et éclairés.

La guerre a donné le dernier coup à cette conception rétrograde de la discipline qui, interprétée dans son sens étroit, a supprimé, en fait, la responsabilité des chefs. Le malaise social actuel, la menace du bolchevisme en découlent dans une large mesure.

La meilleure discipline, aujourd'hui, n'est pas basée sur une diminution de la personnalité de l'individu qui obéit, mais au contraire sur son plus grand développement et sur le respect de la dignité humaine. Librement consentie, elle s'établit sous l'influence de l'autorité morale que le chef s'acquiert par l'exemple qu'il donne et le dévouement dont il fait preuve pour la cause commune.

Dans le domaine de l'industrie, ceci nous amène à considérer l'ouvrier, non plus comme le rouage d'une machine, mais comme un collaborateur, et alors la *capacité administrative* que M. Fayol évalue à 5 % pour l'ouvrier doit être augmentée de plus en plus. Il y a une progression à suivre, à mesure que se développe l'instruction et l'éducation de la classe ouvrière. Cette capacité administrative était peut-être de 5 % en 1860, aujourd'hui elle ne saurait être fixée arbitrairement à ce taux.

Cette *capacité administrative* de l'ouvrier est plus grande que celle qui est utilisée dans l'usine; c'est une force non employée. Elle crée les aspirations nouvelles qui font aujourd'hui que la classe ouvrière demande une part de *gestion et de contrôle* dans la production.

Nous trouverons dans l'étude de M. Fayol d'autres principes dont l'effet est de séparer les classes; le progrès est, au contraire, dans leur rapprochement, dans leur fusion.

Il faut poser en principe le développement de l'utilisation de *toutes les facultés* du personnel et non pas seulement d'une partie de ses facultés arbitrairement ou empiriquement limitée.

La machine tend à remplacer la main-d'œuvre, il est tout naturel que la main-d'œuvre tende à jouer un rôle plus élevé. C'est la loi du progrès et cette loi s'applique aussi aux patrons qui doivent avoir une autre conception du rôle qu'ils ont à jouer.

*
* *

M. Fayol fait constamment appel au *principe d'autorité*; cette idée revient dans chacun des principes qu'il place à la base de sa doctrine administrative.

Il nous semble qu'un autre principe, d'une aussi grande importance, devrait être mentionné ; c'est la *définition nette et claire du but à atteindre*

Quand l'ouvrier ne sait pas où il va, il faut constamment le remettre dans l'ordre par l'intervention de l'autorité; s'il a la vision précise et constante du résultat à atteindre, il s'oriente de lui-même, sans qu'il soit besoin de force coercitive. L'orientation des efforts se fait automatiquement vers l'idéal commun. On voit combien se trouverait simplifiée *l'administration* avec la conception de la marche en avant vers un but bien déterminé et nettement exposé aux vues de tous.

L'obéissance, l'assiduité, l'activité et les marques extérieures de respect, qui constituent la discipline, seraient ainsi singulièrement facilitées et il ne serait pas nécessaire de faire un constant appel aux règlements ou au principe d'autorité.

N'est-ce pas ce qui a lieu dans le Combat ? Tous, ayant alors la claire vision du but à atteindre, la troupe n'a pas besoin de règlements, d'appels à la discipline.

Au contraire, à la caserne, quand la troupe n'a plus de but défini, il faut de suite des règlements administratifs, des moyens coercitifs.

L'ouvrier, aujourd'hui, est plus cultivé que ne l'était le contremaître du siècle dernier. Il ne doit pas être obligé de travailler dans la nuit ; ni être une sorte de marchandise ; il faut qu'il soit pratiquement associé à l'entreprise; c'est seulement ainsi qu'il donnera son rendement maximum.

Dans l'Administration de l'État, cette règle sera appliquée d'une façon encore plus étendue, parce que les fonctionnaires sont plus instruits que les ouvriers. Ils doivent sentir qu'ils travaillent pour réaliser l'idéal que poursuit la Nation.

Ainsi, tout deviendra facile dans l'Administration, et les *sanctions pénales* deviendront presque inutiles.

Avec une bonne organisation, celui qui ne produit pas dans le sens du but commun se trouve contraint par la force même des choses; et s'il persiste à s'opposer au mouvement général, il se trouve rapidement éliminé.

*
**

Quand le but est bien défini et qu'une bonne rémunération proportionne les efforts de chacun aux résultats obtenus, les intérêts généraux et les intérêts particuliers se trouvent solidaires. Ils devraient même être *confondus* au point que le principe de la subordination de l'intérêt particulier à l'intérêt général, n'ait pas lieu d'être pratiquement appliqué.

Cependant, M. Fayol dit à ce sujet : « *Deux intérêts d'ordres différents, mais également respectables sont en présence, il faut chercher à les concilier. C'est l'une des grandes difficultés du gouvernement.*

« Les moyens de réalisation sont :

« 1° La fermeté et le bon exemple des chefs;

« 2° Des conventions aussi équitables que possible;

« 3° Une surveillance attentive. »

Suivant le mot de M. Fayol, « *c'est une lutte continuelle à soutenir* ».

Ce sont là des efforts perdus qui seraient mieux utilisés dans la poursuite du but commun.

Une conception différente faisant de l'ouvrier ou du fonctionnaire le plus humble, l'associé de l'entreprise ou de l'Etat permettra de supprimer cette intervention du principe de l'autorité, qui, ainsi, abusivement employé, finit par s'émousser.

*
**

M. Fayol pose comme un principe d'administration « *que le mode de rétribution ne puisse conduire à des excès de rémunération dépassant les limites raisonnables* ».

Si l'ouvrier ou le fonctionnaire est réellement l'associé dans l'entreprise ou dans l'Etat, il ne doit pas y avoir d'autre limite dans la rémunération que la limite correspondante dans le résultat de l'entreprise.

C'est là précisément que nous touchons un des facteurs psychologiques des plus importants, dans la conduite des hommes. Il ne faut pas limiter leur horizon, il faut qu'il y ait au moins une échappée, une éclaircie qui entretienne l'espérance.

Ce principe tend à faire de la classe ouvrière une classe spéciale. Sentant qu'elle ne peut pas s'élever, qu'elle ne sortira jamais de l'ornière, où, par principe, une autre classe la maintient, elle se trouve tout à fait désignée pour entreprendre la lutte des classes.

Sachant que le prix de la vie croît plus vite que les salaires, elle se sent condamnée à remplir « le Tonneau des Danaïdes ».

C'est pourquoi, pour augmenter son bien-être, elle demande la limitation des heures de travail.

Un idéal commun avec la possibilité pour les meilleurs de s'élever, transformerait la mentalité ouvrière.

****

La question de centralisation ou de décentralisation n'est pas seulement une *simple question de mesure*, c'est surtout une question d'opportunité. Ce qui est mauvais, c'est la stagnation. Quant un système est resté trop longtemps appliqué, les passions ou les faiblesses humaines le corrompent, tendent à le détruire. Ce qu'il faut, c'est le mouvement, le nouveau, l'inédit.

Si on n'a pas un idéal assez élevé pour produire sans cesse le renouveau, on en est réduit à décentraliser après avoir centralisé et vice versa. C'est peut être la solution au point de vue purement « administratif », ce n'est pas, certainement, la solution du problème d'ensemble.

****

Nous voyons un danger à développer outre mesure la notion d' « administration » au détriment de la notion de « Gouvernement ».

La maladie dont souffre notre société a pour cause le développement exagéré de l'organe : Administration.

De même qu'il y a danger à laisser prendre trop d'importance à un organe dans le corps humain, de même dans le corps social, il faut réduire à une harmonieuse proportion tous les organes.

L'Administration trop développée, érigée en science, aurait pour tendance de ralentir la marche de la société vers le progrès par l'accumulation des décrets, lois et règlements qu'elle comporte.

****

Enfin, un principe administratif nous paraît également essentiel, et spécialement dans l'Administration de l'Etat, c'est la *loi du mélange*. C'est la seule façon pratique de supprimer les cloisons étanches dont on a senti toute l'influence néfaste pendant la guerre.

Dans les diverses branches de l'Administration, il sera pratiqué des mutations d'une branche à l'autre. Quand un sujet se sera particulièrement distingué dans une branche, il pourra avoir de l'avancement dans une autre branche.

Ainsi, on réunira, à la tête, une phalange d'hommes, qui, ayant réussi dans diverses branches, auront acquis des idées générales suffisantes pour prendre la direction des grands services de l'Etat.

Il est, d'ailleurs, à remarquer, que les diverses qualités nécessaires pour réussir sont les mêmes quelle que soit la branche où l'individu évolue : la santé, la vigueur physique, l'intelligence, les qualités morales, la culture générale, des notions sur toutes les fonctions essentielles et la capacité administrative.

Une seule varie, c'est la qualité professionnelle, caractéristique de chaque branche.

Il est donc possible à un homme supérieur de s'imposer dans les branches les plus diverses. Ce sont de tels hommes qu'il faut soigneusement sélectionner.

*
* *

L'application du principe de la *décentralisation* va nous conduire au *régionalisme* qui permettra de mieux connaître, non seulement les besoins spéciaux de chaque contrée, mais, aussi, ses ressources. Il permettra d'introduire dans l'Administration le puissant stimulant de l'émulation, voire même de la concurrence, en basant l'avancement des fonctionnaires sur les résultats obtenus dans chaque région.

Un fonctionnaire qui aura obtenu les meilleurs résultats recevra de l'avancement dans la région où les résultats sont les plus faibles, et il y implantera ses méthodes.

Le pouvoir central qui doit être fort avec ce système de décentralisation y gagnera en puissance, parce qu'il contrôlera et arbitrera, tandis que s'il veut tout faire, tout accaparer, tout diriger, il ne s'acquiert que de la déconsidération.

RÉFORME MORALE

Quand, par hasard, un réformateur se trouve doublé d'un philosophe et qu'il a médité sur le programme de réformes qu'il apporte; ou bien, ce qui est encore plus rare, quand ce réformateur se trouve être un homme d'action, et qu'il veut passer à la réalisation de ses réformes, il en arrive toujours à la même conclusion : « Il faut changer la nature humaine, la rendre bonne, il faut que, chez elle, l'amour remplace la haine, il faut chasser l'égoïsme, etc. ».

C'est là qu'apparaît la difficulté, car si nous avions des hommes parfaits et surtout parfaits comme nous les entendons, les gouverner deviendrait un jeu. Mais, le problème consiste précisément à gouverner les hommes tels qu'ils sont et à constituer la Société avec une organisation telle qu'elle puisse fonctionner normalement quels que soient les défauts des individus.

Si la nature de l'homme ne paraît guère perfectible, et que ses sentiments et ses passions semblent être sensiblement les mêmes à travers les âges; si les modifications imperceptibles de son âme ne semblent être que le résultat d'une longue suite de générations ayant accompli des efforts continus et de même sens, il n'en est pas de même des sociétés humaines. Celles-ci apparaissent, au contraire, dans l'Histoire, comme essentiellement variables, susceptibles de se transformer profondément et de se perfectionner indéfiniment. C'est donc sur notre état social qu'il nous faut agir et c'est en l'améliorant, en l'harmonisant avec son temps, en l'adaptant aux circonstances que nous influerons sur les individus et sur leurs actes.

Sans doute, les progrès de la science et les perfectionnements de l'industrie influent sur l'état de la Société, mais celle-ci n'est réellement guidée que par les grands facteurs psychologiques. Au premier rang de ceux-ci, il faut placer les grands courants religieux.

Les hommes de guerre, les conquérants n'ont jamais eu sur les hommes qu'une influence passagère et superficielle; seuls les fondateurs de religion, les apôtres d'une foi mystique ont eu une influence permanente et profonde.

Un idéal est ce qui est le plus nécessaire à une Société. Une nation ne saurait vivre si elle en était dépourvue et c'est toujours une période de crise violente que celle où elle change d'idéal.

C'est pourquoi toutes les réformes que nous pourrions apporter à notre état social, à notre situation économique, ou à notre statut international, seraient frappées d'avance d'impuissance si elles ne s'accompagnaient pas d'une profonde réforme morale.

Au sortir du grand drame de la guerre, il ne nous a pas semblé qu'un Idéal plus noble et plus haut pouvait être choisi pour nous, que celui de la France, *Reine de la Paix Universelle*.

L'organisation et les résultats que nous avons pu admirer chez les Allemands ne furent que les conséquences de l'idéal qui les animait : « Deutschland über alles ». Les mêmes phénomènes d'ordre et d'équilibre se produiront chez nous quand nous nous serons également mis en marche vers notre idéal. L'idéal allemand, parce qu'il était bas et grossier, a conduit l'Europe à la guerre; semblable danger ne saurait être redouté, car, au lieu de rechercher un intérêt personnel, nous poursuivrons avant tout l'intérêt général de l'Humanité. En nous montrant capables de dévouement pour assurer la Paix, nous assurerons d'abord notre bonheur et notre propre prospérité.

Le mouvement en avant vers notre Idéal aura pour première conséquence, le relèvement de la moralité publique. Quelle est, en effet, la véritable cause de l'immoralité, si ce n'est la *stagnation*, conséquence de l'absence de directives? L'arrêt dans la voie du Progrès, nous a amené non seulement l'abaissement des mœurs, mais encore le désordre dans la production, les luttes intestines, le malaise général.

De même que l'eau se croupit dans les mares stagnantes, de même la corruption se développe chez un peuple qui ne marche pas vers un but précis ou qui s'arrête dans la poursuite de son Idéal.

Cette orientation de toute la nation vers un but commun sera la base de la réforme morale qu'il est absolument nécessaire de réaliser, quand on veut aboutir dans la lutte contre l'alcoolisme, dans le problème de la repopulation ou réagir contre l'abaissement des mœurs.

Les moyens proposés par les réformateurs pour apporter des remèdes, sont tous basés sur le principe de l'autorité.

Ici, un membre de l'Institut demande l'intervention de la police pour supprimer les spectacles immoraux, et saisir les publications qu'il juge incorrectes ; ailleurs, un autre veut fermer tous les débits de boissons ; celui-ci veut frapper d'un lourd impôt tous les célibataires, etc.

Tous ces moyens sont impuissants, ces formules de compression et de coercition ont fait leur temps. L'homme n'acceptera plus désormais de se laisser diriger par ceux dont l'autorité ne peut se traduire que par la formule : *Fais ce que je te dis, mais ne fais pas ce que je fais*. Les grands discours ne conquièrent plus les cœurs, c'est l'exemple seul qui frappe et qui subjugue.

L'autorité morale qui s'acquiert par la pratique constante de la vertu est la seule qui puisse désormais s'imposer aux hommes; seule elle est compatible avec l'ère de liberté vers laquelle aspire l'Humanité.

Nous avons cité l'exemple de l'alcoolisme qui, malgré toutes les tentatives, n'a pas encore reçu de remède.

Au lieu de vouloir supprimer les débits de boissons au moyen de lois et de décrets qui ne feront qu'augmenter la confusion des codes et resteront sans effets, la solution réside bien plutôt dans la suppression du buveur d'alcool. Ainsi, nous aurons supprimé d'emblée les débits et sans indemnités. Si donc, au lieu de moyens de coercition, nous arrivons par l'éducation de l'homme en développant son intelligence, en lui donnant l'exemple, à lui éviter les dangers de l'alcool, nous aurons employé le seul moyen radical et réalisable.

Mais cette réforme morale basée sur l'exemple et l'autorité morale ne saurait être effectuée dans notre Société actuelle qui est elle-même basée sur l'immoralité.

N'est-ce pas celui qui a le moins de scrupule et le plus ambitieux qui s'élève dans la Société. La Société, par le jeu des impôts indirects, ne punit-elle pas le père de famille d'une amende formidable qui s'accroît proportionnellement au nombre de ses enfants?

La réforme morale comporte donc une transformation radicale de notre système social. Elle ne saurait pas aujourd'hui être opérée isolément.

*
* *

Nous avons posé en principe qu'il nous fallait obtenir l'*union* de tous les citoyens; mais cette union ne sera possible qu'autant que nous aurons fait accepter une conception unique de la morale. Tout notre système s'écroulerait si deux systèmes de morale se dressaient l'un contre l'autre. Il ne servirait à rien d'avoir une formule mettant d'accord les internationalistes et les nationalistes, s'il devait subsister un sujet de discorde infiniment plus grave entre les citoyens.

Or, la morale dérive de courants d'ordres *mystiques* ou *religieux*. Le grand mathématicien Henri Poincaré a reconnu lui-même qu'elle n'a pas pour source la science; nous sommes donc amenés à rechercher si l'union est possible sur le terrain *religieux*, où la morale prend sa source.

Toutes les religions poursuivent le même but qui est d'assurer la persistance de l'être ou, à défaut, celle de l'espèce. Il est donc logique d'espérer que dans un pays comme la France, où existe l'unité de race, nous n'ayons pas à craindre une dualité de morale se traduisant par des préceptes opposés.

La vie de l'homme, *nous dit Henri Poincaré*, est une lutte continuelle; contre lui se dressent des forces aveugles, sans doute, mais redoutables qui le terrasseraient promptement, qui le feraient périr, l'accableraient de mille misères s'il n'était constamment debout pour leur résister.

L'humanité est donc comme une armée en guerre; or, toute armée a besoin d'une discipline, et il ne suffit pas qu'elle s'y soumette le jour du combat; elle doit s'y plier dès le temps de paix; sans cela sa perte est certaine, il n'y aura pas de bravoure qui puisse la sauver.

Dans la lutte que l'Humanité doit soutenir pour la vie, la discipline qu'elle doit accepter s'appelle la morale.

Il s'élevait en même temps contre ce que certains appelaient le « Conflit des Morales » et démontrait qu'un tel conflit ne pouvait exister.

Le problème pourrait se poser d'une façon différente si la France était composée de deux races absolument distinctes.

Si on examine les grands courants religieux qui dominent en France, nous voyons, d'une part, la religion chrétienne, et d'autre part, toutes les autres religions s'unissant plus ou moins à un grand courant, la religion de l'Humanité.

Il serait bien difficile, il serait même impossible dans un peuple comme la France qui a été façonnée pendant 15 siècles par la religion chrétienne de construire une religion avec une morale basée sur des principes totalement différents. Comme le montre Henri Poincaré, l'élément de la Nation est ainsi constitué qu'il ne pourrait pas vivre avec une autre morale.

Quand elle aura atteint son complet développement la religion de l'Humanité arrivera à dégager nettement sa morale; elle la synthétisera par les mêmes formules que celles de la religion chrétienne.

Ainsi donc, on conçoit qu'il ne saurait y avoir d'opposition de principe dans un pays comme la France entre des morales issues de religions différentes.

On peut donc arriver à l'union sur le terrain religieux, quelque paradoxal que cela paraisse *a priori* dans un pays aussi divisé que la France sur les questions dogmatiques.

La religion chrétienne a pour premier but le bonheur de l'Humanité et sa continuité. La religion de l'Humanité ne saurait en avoir d'autres. Donc, pas d'opposition sur le but.

Toutes deux ne prêchent-elles pas que les besoins *collectifs* matériels et spirituels doivent être satisfaits avant les besoins individuels. Il n'y a ainsi pas davantage d'opposition sur les moyens.

En restant dans le domaine des choses terrestres, il ne saurait y avoir de conflit.

Mais si la division existe en fait, sur le terrain religieux, c'est qu'elle a d'autres causes.

Il faut, en effet, distinguer dans la religion, le dogme, le système de conception dont chacun ne doit compte qu'à sa conscience; cela seul mérite le nom et le titre de religion, et à côté l'*institution humaine*, la puissance sociale qui n'a rien de commun avec la religion, et qui, au contraire, n'est pour elle qu'une cause de faiblesse. Si des conflits sont nés cela vient précisément de ceux qui, oubliant la doctrine pure, ont voulu faire de la religion un instrument de domination. Ceux-là ont manqué de sincérité et ont été la cause initiale de tout le mal.

La sincérité dans la religion de l'Humanité doit amener les mêmes directives pratiques, au point de vue social, que la sincérité dans la doctrine chrétienne.

Et s'il fallait une dernière preuve de la possibilité de l'Union sur le terrain religieux ; il suffirait de se rappeler que les apôtres de la religion de l'Humanité se sont toujours réclamés de la doctrine du Christ, qu'ils ont considéré comme le premier des révolutionnaires. Jadis, il fut déjà proclamé le premier des sans-culottes ; aujourd'hui n'est-il pas reconnu comme le premier des socialistes ; sa doctrine n'est-elle pas la première qui fut internationaliste ?

Sur le terrain même de la charité, la sincérité amènera les hommes à s'entendre ; sans doute le principe en paraît rejeté par ceux qui, faibles hier, sont aujourd'hui groupés et puissants ; ils n'en ont plus besoin ; mais il ne faut pas oublier qu'il y aura toujours des faibles, des opprimés, des affligés et ceux-là, sous un nom ou sous un autre, auront toujours besoin d'aide, de secours et de consolation.

D'ailleurs, si ceux qui prétendaient pratiquer la charité ne l'avaient pas dénaturée, et abandonnant son esprit n'avaient cherché à en faire un moyen de domination, il est impossible qu'elle eût pu devenir intolérable.

L'*Union* de tous les Français dans le domaine de la morale et sur le terrain religieux peut et doit s'accomplir par la *sincérité*.

RÉFORME DE L'ÉDUCATION ET DE L'ENSEIGNEMENT

L'Éducation.

Quand un réformateur, après avoir conclu à la modification des mœurs de l'espèce humaine, en a compris toute l'impossibilité, il conclut à la réforme profonde de *l'éducation*.

Cela revient à reporter vingt ans plus tard la solution du problème. Mais qui, d'abord, fera cette éducation des jeunes générations? Qui se rend compte de la complexité du problème? Qui dégagera les grands principes directeurs de l'éducation future?

N'est-il pas curieux, d'autre part, et attristant de constater que c'est précisément au moment où on proclame la nécessité de transformer les méthodes d'éducation, que les jeunes générations manifestent le plus d'indépendance, et donnent les plus graves soucis pour l'avenir? Au lieu de s'améliorer, les résultats vont en empirant. C'est avouer que les maîtres actuels et les méthodes en application ne sont pas à la hauteur des besoins. Mais qui va remplacer ces maîtres? Quelle doctrine nouvelle va permettre de répondre aux nécessités présentes?

Le Dr Gustave Le Bon, dans sa remarquable étude : *La Psychologie de l'Education*, arrive à la conclusion suivante :

L'éducation est à peu près l'unique facteur de l'évolution sociale dont l'homme dispose, et l'expérience faite par divers pays a démontré les résultats qu'elle peut produire. Ce n'est donc pas sans un sentiment de tristesse profonde que nous voyons le seul instrument permettant de perfectionner notre race, en élevant son intelligence et sa morale, ne servir qu'à abaisser l'une et à pervertir l'autre.

Elle reste pourtant debout, cette vieille Université, débris caduc d'âges disparus, bagne de l'enfance et de la jeunesse. Je ne suis pas de ceux qui rêvent des destructions; mais quand je vois tout le mal qu'elle a fait et le compare au bien qu'elle aurait pu faire; quand je pense à ces belles années de la jeunesse inutilement perdues, à tant d'*intelligences éteintes et de caractères abaissés* pour toujours, je songe aux malédictions indignées que lançait le vieux Caton à la rivale de Rome, et répéterais volontiers avec lui : « Delenda est Carthago. »

Gustave Le Bon ne voit pas de solution possible, et la raison en est que le problème de l'éducation n'est pas un problème isolé. Rejeter sur l'Université seule toute la responsabilité de l'état actuel de l'éducation de nos jeunes générations, n'est pas plus rationnel que d'accuser un gouvernement d'avoir causé la guerre, ou un ministre du Ravitaillement de n'avoir pas résolu le problème de la vie chère.

Le Dr Gustave Le Bon raconte d'ailleurs l'anecdote suivante qui montre bien la complexité du problème :

Après la lecture d'une des premières éditions de mon livre, un éminent sénateur, que je connaissais seulement de réputation, le professeur Léon Labbé, membre de l'Académie des sciences et de l'Académie de médecine, vint me voir pour m'annoncer son intention de prononcer un discours énergique au Sénat dans le but d'obtenir la réforme de notre enseignement. Le savant académicien revint plusieurs fois discuter ce sujet avec moi et il le discuta aussi avec quelques amis. Le résultat final de ces discussions fut que pour transformer notre système d'éducation, il faudrait d'abord changer l'âme des professeurs, puis celle des parents, et enfin celle des élèves. Devant une pareille évidence, l'illustre sénateur renonça de lui-même à prononcer son discours.

Il faut, pour obtenir un résultat, établir une doctrine unique, sans quoi les effets de toutes les réformes que l'on accomplira dans les différentes branches se trouveront en opposition et nous resterons ainsi indéfiniment dans la confusion.

Cette doctrine n'a pas encore été créée et ainsi personne ne se trouve désigné pour établir un programme de réformes. De plus, quelle autorité pourrait s'imposer dans chacune des branches pour faire adopter sa manière de voir? Ce ne serait d'ailleurs que l'application des méthodes d'autorité, de compression, et tous les efforts tentés dans cette voie sont condamnés à l'impuissance. Ces méthodes n'apporteraient pas plus de résultats que ceux qui prônent la doctrine : *Aimez-vous les uns les autres* et qui pratiquent l'égoïsme; que celui qui fait appel à l'*union*, quand toute sa vie, il a pratiqué une politique de discorde; que celui qui prêche : *faites ce que je vous dis, mais ne faites pas ce que je fais*. Et, en effet, quel genre d'éducation pourraient donner nos maîtres actuels dépourvus de toute autorité morale? Ils ne peuvent donner comme exemple que ce qu'ils ont fait eux-mêmes. Leurs méthodes et leurs mœurs ne sont-elles pas celles qui nous ont amené la guerre et conduits à l'état d'anarchie et de désorganisation où nous sommes aujourd'hui?

Le problème de l'éducation ne saurait être isolé du grand programme de Rénovation qui est nécessaire à la France et à l'Humanité.

Il nous faut sortir rapidement de la situation angoissante où nous nous trouvons au point de vue général. Dire que la solution réside dans la refonte de notre système d'éducation, c'est mettre la charrue avant les bœufs, c'est prendre l'effet pour la cause.

Si nous sommes dans le malaise, la raison profonde c'est la *stagnation* générale; c'est l'arrêt dans la voie du Progrès. Le remède c'est de sortir de cette stagnation, c'est de reprendre le mouvement et la marche en avant.

Mais pour cela, il nous faut un but et le but d'une Nation s'appelle un *idéal*.

Quand la Nation française aura un but bien défini, quand

elle sera en marche vers un idéal bien net, elle découvrira de nombreux besoins et l'éducation se transformera d'elle-même pour donner satisfaction à nombre de ces besoins. Quand il sera démontré que pour *réaliser*, il faut des hommes de caractère, encore plus que des hommes d'intelligence, l'éducation formera automatiquement, pour ainsi dire, des hommes de caractère, alors que, jusqu'à maintenant, elle avait surtout cherché à créer des hommes d'intelligence. L'éducation suivra le progrès social, elle ne saurait le créer.

L'Allemagne nous a fourni un exemple de méthodes qui peuvent arriver à réformer l'éducation des jeunes générations. L'Allemagne avait un idéal, criminel, c'est entendu, mais elle avait un but, elle tendait, elle voulait dominer le Monde. A cet idéal, il faut que la France substitue un idéal plus noble et plus désintéressé. Le rôle de la France, c'est d'être la Reine de la Paix, et elle assurera au monde la paix universelle à la fois par sa force et par sa sagesse.

D'un seul coup les directives générales de l'éducation vont se trouver données.

La première condition du progrès, la cause du progrès, c'est le besoin. Il nous faut créer des besoins nouveaux, quelque paradoxale que cette conception puisse paraître. Naturellement, il ne s'agit pas seulement des besoins matériels. Le progrès matériel n'est pas toute la civilisation, et la recherche du bien-être ne constitue pas l'unique but de la vie. C'est qu'à côté, au-dessus de la vie physique, se place la vie morale ; et c'est à cette supériorité de la vie morale que sont dus le progrès réel, le bonheur et la valeur d'un peuple ou d'une époque.

La conséquence toute naturelle de cette conception du progrès et de l'idéal, c'est que l'éducation se réformera d'elle-même par l'influence de l'*exemple*. L'*exemple seul* peut faire œuvre utile en matière d'éducation. Le plus important et le plus efficace exemple vient des parents. Quand le fils verra chaque jour son père, par chacun de ses actes, progresser vers un idéal, qui animera toutes ses forces et toutes ses facultés ; lui-même acquerra le même idéal et le même sentiment du devoir.

L'exemple ne viendra pas seulement de la famille, l'atmosphère où l'individu évolue chaque jour sera changée, par la lumière qu'y projettera l'idéal collectif, et elle influera sur l'éducation. Celle-ci résulte d'une longue série de suggestions provenant des lectures, des conversations, des conseils recueillis à l'atelier, dans le cercle ou dans les affaires. Gustave Le Bon définit l'éducation : *l'art de faire passer le conscient dans l'inconscient* et sous cette forme apparaît toute la puissance de l'exemple qui est le véritable lien qui assure la continuité dans la famille, dans la Nation.

Les bons effets d'une nouvelle éducation ne vont pas se limiter à une génération ; toutes les générations qui suivront vont se trouver influencées ; et, de même que nous sommes dominés par l'âme invisible de nos ancêtres, nos descendants profiteront de nos efforts ou pâtiront de notre laisser-aller ; c'est là l'effet de la grande loi qui assure l'unité de l'Humanité.

Pour arriver à l'*unité* dans la Nation, l'éducation devra être étendue à toutes les classes de la société. Ainsi que le fait remarquer le docteur Toulouse :

Les travailleurs intellectuels ne sont séparés des travailleurs manuels, ni par le genre de besogne — les techniciens (médecins, ingénieurs) travaillent des mains autant que du cerveau, ni par la culture, — celle des employés est à peine supérieure à celle des ouvriers techniques, — ni par la différence des salaires, — depuis la guerre surtout, le prolétariat est plus étendu chez les intellectuels, que chez les manuels, — ce qui sépare ces deux classes de travailleurs, c'est surtout le *manque d'éducation* de l'artisan qui le maintient, même gagnant de gros salaires, dans un état de malpropreté, de *vulgarité* de paroles et de gestes, qui déplaît aux gens cultivés. Mais une génération suffirait pour fixer chez les manuels le langage et la correction d'attitude des intellectuels.

Cette réforme de l'éducation est la conséquence des principes posés dans l'étude de la réforme sociale. La vraie liberté et la vraie égalité comportent, pour tous, la possibilité de s'élever dans l'échelle sociale ; tous doivent être en mesure d'acquérir non seulement l'instruction, mais aussi l'éducation dont le but est de diriger et de coordonner. C'est par elle seulement qu'on peut obtenir la véritable unité dans la Nation.

Les classes ne seront plus séparées uniquement par la toute-puissance de l'argent, mais seulement différenciés par les qualités d'intelligence et surtout d'énergie que déploieront les individus.

Le pouvoir de l'argent est destiné à diminuer dans une très forte proportion pour faire place aux qualités de l'homme ; et parmi celles-ci la santé, la vigueur physique compteront aussi bien que l'initiative, l'énergie, le courage des responsabilités, le sentiment du devoir, ou la culture générale.

L'importance de toutes ces qualités apparaîtra en présence des réalités, car le classement des citoyens devra s'opérer non pas d'après des tendances ou des capacités, mais d'après des résultats.

Quand la tête de l'État, le gouvernement, marchera résolument dans la voie de l'Idéal national, les directives se trouveront données pour chacun des citoyens. Le chef de famille qui, aujourd'hui, se sent incapable d'orienter l'éducation de ses enfants, trouvera tracée sa propre ligne de conduite dans la vie ; son but ne consistera plus uniquement dans la satisfaction d'intérêts matériels et égoïstes, et son idéal enflammera l'âme de ses enfants.

On voit toute l'importance et toute la grandeur du rôle d'un gouvernement ayant conscience de la noblesse de sa tâche.

L'enseignement.

Quand un jeune ingénieur quitte, à 25 ans, l'Ecole où il a passé une grande partie de sa jeunesse et dépensé le meilleur de son énergie, et qu'il entre dans l'industrie, que lui disent ses anciens, ses chefs ? *Vous avez appris beaucoup de théorie, mais entre la théorie et la pratique, il y a un abime. Dépêchez-vous d'oublier ce que vous avez accumulé dans votre tête. C'est devenu inutile ; appliquez-vous à apprendre votre métier, entrez dans la pratique.*

Est-il possible d'imaginer pire gaspillage de temps et d'énergie? car, malheureusement, ce raisonnement de l'ancien n'est que trop vrai. Celui-ci a, d'ailleurs, une tendance d'autant plus naturelle à souligner la différence qu'il y a entre la théorie et la pratique, que très généralement il n'a pas su ou il n'a pu faire l'effort nécessaire pour relier, durant sa carrière, ses travaux pratiques à l'instruction théorique qu'il avait lui-même reçue.

Si l'n'y avait qu'une perte de temps, ce ne serait que demi-mal ; mais il découle de cet état de choses une conséquence bien plus grave; c'est, pour les jeunes gens, une brusque rupture de l'idéal qui les a animés.

De jeunes hommes ont, pendant dix ans, poursuivi un but, ils ont sacrifié leur jeunesse et souvent leur santé pour arriver à un diplôme avec le mirage duquel on a entretenu leur foi et leur ardeur; brutalement, ceux qui les ont précédés dans la carrière, ceux qui sont appelés à les diriger, à les commander, ceux qui jouissent à leur égard de l'autorité morale, leur déclarent que ce diplôme n'a plus aucune valeur !

Voilà, du coup, envolées toutes les belles illusions qui constituent la véritable force de l'homme jeune et de l'homme mûr.

L'industrie, au lieu de jeunes ingénieurs pleins de vie, de santé, prêts à tous les efforts, n'a plus ainsi que des désabusés, des ingénieurs fatigués de corps et d'esprit.

Le cas des ingénieurs de l'industrie n'a été pris ici que pour exemple; car la cloison étanche qui sépare la théorie de la pratique existe à peu près dans toutes les branches de l'enseignement. Nulle part, la *loi du mélange* ne saurait recevoir meilleure application.

La recherche du remède à cette situation va nous indiquer les directives à suivre dans la réforme profonde qui s'impose dans notre enseignement.

Notre situation générale est actuellement et sera de plus en plus dominée par les questions économiques ; il nous faudra l'enseignement en harmonie avec ces nécessités ;

c'est-à-dire que dans l'ensemble, il subira une orientation générale dans le sens de l'enseignement technique pratique.

Pour donner une idée de l'étendue de l'effort à accomplir, disons que, en France, sur 280.000 garçons de chaque génération, pris en dehors des *classes bourgeoises*, à peine 20.000 reçoivent un enseignement technique.

En Allemagne, 450.000 jeunes gens, garçons et filles, reçoivent annuellement une instruction technique, industrielle et commerciale, grâce à la diffusion, la spécialisation et la variété de l'enseignement suivant les régions. L'ouvrier allemand étudie, après l'école, jusqu'à 18 ans.

Tout ceux qui ont employé pendant la guerre des prisonniers d'outre-Rhin attestent leurs qualités professionnelles, dues, non seulement à leur esprit de discipline, mais encore à une connaissance approfondie de leur métier.

Leur capacité professionnelle ne leur est pas venue toute seule.

Au lendemain de la guerre de 1870, Bismarck, chancelier de l'Empire d'Allemagne, donnait au ministère de l'Instruction publique le mot d'ordre suivant :

L'instituteur doit exalter aux yeux de ses élèves le travail manuel et les métiers manuels. L'avenir de l'Allemagne exige que tous ses enfants aient les yeux tournés vers l'industrie. Le rôle de l'école est de les y préparer. Au sortir de l'école, tout enfant doit entrer en apprentissage.

Est-ce à dire que nous devons imiter l'Allemagne, et nous consacrer uniquement à l'enseignement technique, parce que ce système a réussi à nos ennemis, et que sa valeur est prouvée également par les résultats qu'il donne en Amérique ?

Non. L'Allemagne, l'Amérique ont chacune un rôle à remplir dans l'Humanité ; la France en a un autre. Si nous ne savons pas le discerner, si nous nous contentons d'imiter nos voisins, si nous nous laissons dominer ainsi par les événements, un danger nous menace : c'est la diminution de la culture générale qui est une des grandes forces de la France.

Si le Gouvernement ne comprend pas tout le rôle que doit jouer la France dans le monde, et s'il ne comprend pas que c'est une question de vie pour elle et en même temps de progrès pour l'Humanité, d'être à la tête de toutes les idées nouvelles, nous serons amenés à un recul très certain dans l'enseignement supérieur et la culture générale.

La France doit jouer un rôle de direction dans la Société des Nations, et cela comporte pour elle la nécessité de cultiver particulièrement les arts, les lettres et les sciences. Dans tous les travaux de l'esprit, de l'intelligence, dans la philosophie aussi bien que dans la sociologie, elle doit s'assurer une suprématie incontestée ; ses inventions, ses découvertes, ses idées nouvelles doivent constamment rétablir en sa faveur l'équilibre que tendrait à rompre son infériorité en ressources matérielles. Ainsi, seulement, elle restera dans le sens de l'évolution de l'humanité ; elle sera dans la voie du progrès.

* *

Les *nécessités* dans l'ordre économique, dans l'ordre social et dans l'ordre international vont nous guider sur l'orientation à donner à notre enseignement.

C'est ce qu'a compris, en ce qui concerne l'enseignement primaire, M. Glay, le secrétaire de la Fédération des Instituteurs.

Tout notre enseignement, en relation avec les nécessités du temps et du lieu, va connaître une direction nouvelle.

Ce sont les programmes eux-mêmes qui seront bouleversés pour que la culture soit appropriée aux besoins de la production. Mais, alors, l'enseignement populaire ne s'arrêtera pas à l'enfance ; il développera certes, à l'école élémentaire, les qualités d'observation, de jugement, de perspicacité ; il continuera la poursuite d'une éducation générale avec un minimum de connaissances de fond en rapport avec la vie contemporaine, mais continuant son effort au delà de la *scolarité actuelle*, il *s'orientera* vers la *profession et la région*, s'appropriant aux conditions de métiers, aux besoins locaux, répondant ainsi à une utilité directe qui en facilitera d'autant plus le caractère d'obligation.

Il n'y aura pas deux scolarités ; il n'y en aura qu'une de *six à dix-huit ans*, souple, décentralisée, mais à laquelle on ne pourra pas se soustraire, à moins de raisons impérieuses.

L'enseignement secondaire et l'enseignement technique supérieur seront, eux aussi, fonctions des nécessités économiques. La pratique et la théorie ne doivent plus être opposées l'une à l'autre, mais, au contraire, conjuguées de manière que la théorie facilite la pratique pour la solution des problèmes qui s'y posent journellement. La théorie y gagnera également, car au lieu de s'égarer dans l'abstraction, elle trouvera à s'appliquer dans l'étude de cas concrets où les réalités viendront constamment vérifier ses déductions.

Les réformes à accomplir découleront de ces directives générales ; elles comporteront : une diminution de la longueur des études purement théoriques dans les écoles ; l'utilisation plus rapide des jeunes gens dans l'industrie, le commerce, et les professions libérales ; le développement des études post-scolaires, même dans les enseignements secondaires ou supérieurs.

Ainsi, les jeunes gens devront avoir la possibilité de continuer leurs études même après l'époque où ils commenceront à rendre des services dans l'industrie. Pour les ingénieurs, en particulier, la limite des études devrait être 21 ans et, dès cet âge, ils pourraient être utilisés. Ils seraient ainsi très tôt mis en présence de la pratique. Ils se formeraient au contact des réalités ; les cours continueraient, soit par un stage de plusieurs mois passés chaque année à l'école, soit par des cours et conférences périodiques ; soit par correspondance.

Le temps passé à l'école irait chaque année en diminuant, l'élève n'obtiendrait son diplôme définitif qu'après une période assez longue passée dans la pratique, cette période comportant une partie d'études purement scientifiques.

Les jeunes gens conserveraient ainsi l'habitude et le goût de l'étude, et le raisonnement scientifique remplacerait l'empirisme auquel sont rapidement réduits les ingénieurs qui ont *oublié* leurs études théoriques.

Il faut que le jeune homme continue à travailler et surtout à méditer après sa sortie des écoles. C'est avec l'âge que tous les éléments de la connaissance mis à sa disposition, peuvent produire tous leurs effets, grâce à la longue et patiente élaboration des méditations profondes.

Ainsi, réformés suivant les mêmes directives, les concours et les examens qui sanctionnent l'enseignement pourront mettre en évidence, non plus seulement un certain degré d'intelligence et une certaine quantité de travail fourni, mais les qualités morales, les qualités d'énergie et d'autorité, de jugement et de décision qui sont les facteurs déterminants de la réussite dans la vie.

L'avantage de ce *mélange* ne serait pas seulement pour l'élève qui apprendrait la pratique, mais encore pour l'industrie, car les praticiens trouveraient ainsi un moyen facile de se tenir au courant des nouveautés et des découvertes de la science.

Un ingénieur, par exemple, qui, au bout de quelques années, se trouve dans l'impossibilité d'appliquer les principes qu'il a bien appris à l'école, mais que le temps a chassés de sa mémoire, sera très heureux de pouvoir faire établir ses projets un peu plus scientifiquement par de jeunes collaborateurs qui possèdent encore toutes fraîches dans l'esprit, les données de la science. C'est là une source certaine de progrès rapides.

Enfin, les professeurs, eux-mêmes, auraient à gagner à être tenus constamment au courant par leurs propres élèves des besoins de l'industrie, et ils pourraient par leur science aider à les satisfaire.

Nous sommes, ainsi, en accord, dans l'enseignement, avec les principes qui nous ont fait classer les citoyens dans la Société, ou les fonctionnaires dans l'Administration, d'après les résultats qu'ils ont obtenus. Sous la poussée de cette nécessité de produire, sous l'influence de ce contact permanent avec les réalités disparaîtront les fausses méthodes d'éducation et d'enseignement qui se sont établies dans les Ecoles mêmes les plus réputées.

M. A. Pelletan, inspecteur général des Mines, dans un

mémoire publié par la *Revue générale des Sciences* du 15 avril 1910, nous dit en parlant de l'enseignement donné à l'Ecole Polytechnique :

L'instruction tournée uniquement vers les questions d'examen y perd tout caractère scientifique et n'exerce que la mémoire. Comme on ne demande au polytechnicien que d'apprendre son cours et qu'on n'exige de lui aucun travail personnel, rien ne permet de distinguer sa véritable valeur ; ceux qui ont beaucoup de mémoire et peu d'intelligence peuvent obtenir des notes de supériorité, même en mathématiques. On les retrouve souvent à la sortie dans les premiers rangs.

Cette fausse éducation assure cependant aux possesseurs d'un diplôme une situation privilégiée, car notre système social leur crée des droits absolument abusifs. Ce n'est pas le résultat qui est récompensé, c'est la prétendue aptitude à remplir des fonctions. Comme l'écrit M. Accambray :

Un effort initial, si grand et si méritant qu'il ait été, ne saurait conférer pour la vie la certitude d'un brillant avenir, c'est-à-dire le droit à l'indolence, à l'inertie, à la paresse.

La formation de l'esprit qui résulte de cet enseignement, les connaissances qu'il a permis d'acquérir, ne sont pas un bénéfice dont il suffira de toucher les revenus, c'est une terre amendée, et qui peut et doit être remarquablement fertile, mais qu'on a le devoir de cultiver, d'ensemencer, à laquelle il faut faire produire. C'est, en un mot, un capital qu'on a l'obligation de faire fructifier par un travail personnel.

Une haute culture crée d'abord des devoirs ; elle ne peut être la source de profit que quand elle a déjà porté ses fruits.

Telle est la doctrine actuelle.

Elle est inattaquable. Elle condamne tous les priviléges d'Ecole, toutes les castes.

Elle ne condamne pas les Ecoles, elles-mêmes, elle les fait seulement rentrer dans le droit commun.

Les concours de pure culture générale, où l'aptitude professionnelle est totalement négligée, ne peuvent se défendre et sont condamnés.

Les priviléges attachés aux diplômes de haute culture ne peuvent plus être maintenus.

Ce n'est pas ici le lieu d'étudier les meilleures méthodes de formation des jeunes ingénieurs, on pourra discuter indéfiniment sur la valeur de l'étude des mathématiques ou de la culture classique.

Nous ne voulons pas prendre parti entre les différentes écoles. Ce qui est certain, c'est qu'il est difficile d'avoir une opinion nette quand on ne sait pas exactement le but qu'on veut atteindre. Dans la vie économique ou sociale, il n'y a pas d'orientation précise, faute pour la Nation d'avoir un but, un idéal.

Quand celle-ci marchera résolument vers un idéal, tous les besoins se feront sentir, se manifesteront et les moyens d'y satisfaire ne manqueront pas.

Pour que, le plus rapidement possible, éclatent les meilleures méthodes, nous organiserons la liberté et la concurrence qu'elle entraîne. Les meilleures écoles auront vite imposé leurs méthodes, grâce aux résultats qu'elles auront obtenus.

Vraisemblablement la solution qui triomphera sera celle qui assurera à l'élève la plus forte culture générale, le rendant ainsi apte à entreprendre l'étude de toutes les sciences spéciales qui sont nécessaires pour la solution des problèmes particuliers de l'industrie.

De l'enseignement supérieur, l'orientation s'étendra à l'enseignement secondaire. Le jour où les écoles techniques supérieures auront modifié leurs programmes, les lycées mettront leur enseignement en harmonie avec les programmes d'admission.

Ce n'est pas seulement avec les nécessités économiques que les réformes que nous voulons introduire dans l'éducation et l'enseignement se trouvent en harmonie ; elles sont également adaptées aux nécessités qu'impose notre situation sociale. L'éducation et l'enseignement doivent être organisés de telle façon que n'importe quel enfant du peuple puisse arriver aux plus hautes situations, aussi bien que le fils du citoyen le plus favorisé par la fortune.

Le *mélange* de la pratique et de la théorie nous a amenés à faire travailler les hommes plus jeunes.

Rendant, ainsi, plus rapidement, des services dans les diverses branches de l'activité humaine et pouvant consacrer à son métier une partie seulement de son temps, le jeune homme pourra employer l'autre partie à compléter son instruction. La combinaison des études post-scolaires lui permettra, en même temps, de subvenir à ses frais d'existence.

L'organisation nouvelle de la Société, devant diminuer le pouvoir de l'argent, permettra plus facilement à celui qui a des qualités d'intelligence et d'énergie, d'arriver aux plus hautes fonctions, et ainsi se trouvera supprimé le déclassé qui est la plaie de la société moderne.

Il ne faut plus que celui qui a acquis une forte instruction et qui a développé ses capacités soit maintenu dans une situation lamentable au point de vue pécunier. Les collectivités auront tout à gagner à ce que chaque homme puisse développer ses facultés propres de travail, d'intelligence et ses capacités productives.

Il faut pour cela poser en principe que l'enfant a des droits à l'instruction et à l'éducation et qu'il ne saurait être privé toute sa vie, de l'instruction nécessaire pour lui permettre de pousser plus loin son chemin et de produire davantage pour le plus grand bien de la collectivité.

Ainsi se trouveront satisfaites les légitimes aspirations des classes travailleuses qui demandent les moyens nécessaires pour s'élever dans l'échelle sociale.

LA RÉFORME DE LA CITÉ

L'organisation matérielle même de l'existence des citoyens doit être complètement transformée, et, là comme ailleurs, ce n'est pas la volonté d'un auteur de programme de réformes qui imposera ce bouleversement dans les mœurs et les habitudes, ce sont les nécessités.

Il n'est pas admissible qu'au XXe siècle la plupart des villes soient environnées de quartiers qui sont de véritables bouges, refuges de la misère humaine. Si nous voulons supprimer cette misère, il est naturel que nous en supprimions les causes et les effets. Ce n'est pas seulement pour observer les lois de l'hygiène que s'impose la destruction du *taudis*, mais aussi en raison de l'influence que le taudis exerce sur les problèmes de la mortalité, de la repopulation, de la moralité, et même sur la question de la production.

Pour produire, les hommes doivent vivre dans des conditions normales d'hygiène physique et morale, impossibles quand ils habitent dans des locaux repoussants de saleté.

A propos de la question économique, nous avons déjà dit un mot sur la nécessité d'étendre les villes en surface et d'arriver ainsi à la « cité-jardin ». Il est évident que si l'extension de la journée de huit heures est étroitement liée au développement des moyens de communication rapides et à bon marché, les architectes pourront étendre la surface des villes. C'est, d'ailleurs, dans ce sens qu'évolue toute une science nouvelle de construction de cités qui s'appelle l'urbanisme.

L'urbanisme a créé une nouvelle conception de la cité: la cité-région. Ses adeptes reconnaissent que, certes, au Moyen Age, il y avait un intérêt incontestable, pour les individus, à vivre en plus grand nombre possible dans un espace resserré. Il s'agissait, pour les hommes, d'être garantis le mieux possible contre les dangers des luttes perpétuelles qui existaient entre provinces et même entre villes voisines.

Notre système urbain actuel est encore dominé aujourd'hui par ces nécessités d'autrefois; on sent ainsi toute l'importance du système d'agglomération des logements sur la civilisation tout entière.

Dans les temps modernes, les conditions de la guerre ont changé, et ce n'est pas par hasard qu'elles concordent avec l'hygiène et les conditions économiques pour faire étendre les villes *en surface.* Quand une réforme s'impose sous la poussée des nécessités, la guerre vient toujours la précipiter, c'est en ce sens qu'elle est moralisatrice, car elle nous oblige à marcher de l'avant dans la voie du progrès où notre désir du moindre effort a tendance à nous tenir arrêtés.

Qu'on essaie de prévoir la forme que prendra la guerre future.

Dans dix ans, dans vingt ans, étant donnés les progrès de l'aviation, une flottille de 10.000 avions dont chacun transportera 500 kilogs d'explosifs pourra, une heure après la déclaration de guerre, arriver sur Paris, et, si Paris restait ce qu'il est aujourd'hui, la moitié en serait détruite. La seule façon d'éviter semblable catastrophe, ce n'est pas d'empêcher le développement d'un progrès dans l'Humanité en limitant l'aviation, c'est de rendre les villes pratiquement invulnérables à ce mode d'attaque. Nous retrouvons ici la théorie de la *Fortification en surface* du champ de bataille (1).

Une cité étendue sur une surface immense entourée de jardins sera pratiquement invulnérable à semblable attaque.

Les bombes, au lieu de tomber sur des maisons à six étages, tomberaient dans une proportion de 9 sur 10, dans des espaces libres; leur effet ne sera pas seulement 10 fois, mais 100 fois moins considérable, et cela, aussi bien au point de vue matériel qu'au point de vue moral.

Réunissons donc les garanties indispensables au point de vue de l'hygiène, de l'esthétique, de la salubrité, de la moralité et de la sécurité et nous aboutirons à la forme idéale de la ville moderne : la cité-jardin qui est définie dans une agglomération industrielle et agricole joignant aux avantages de la campagne les agréments de la ville.

On est généralement d'accord pour préciser que l'emplacement réservé aux usines ne doit pas occuper plus de 1/20 de la surface totale et que la partie rurale, même industrielle, doit être considérable, afin de pouvoir aménager des fermes ou des métairies permettant à de petits producteurs de lait, beurre, fruits, fleurs, bétail, d'avoir sous la main la clientèle qui achètera leurs produits; et parmi ces petits producteurs se placeront les ouvriers des usines qui pourront ainsi utiliser leurs loisirs. Enfin, dans la cité-jardin, existeront naturellement les services indispensables à la collectivité : hôpitaux, écoles, lavoirs, théâtres, service des eaux, du gaz, de l'électricité, etc.

Quant au modèle de maison, il faudra laisser aux architectes une certaine indépendance de manière à harmoniser à la fois les besoins locaux, l'esthétique et les ressources naturelles du pays en matériaux de construction.

La forme générale extérieure de la cité-jardin va se trouver déterminée par de multiples conditions d'ordre géographique, géologique ou climatérique. C'est pour méconnaître actuellement ces principes qu'on a laissé des quartiers industriels s'installer à la périphérie de cités, très saines par elles-mêmes,

______

(1) Voir *l'Enigme de la Guerre*.

sans avoir étudié le régime des vents et qu'on a empoisonné de fumées délétères certaines villes très belles. Nous pouvons observer ce phénomène à Paris, où les fumées industrielles ont, depuis cinquante ans, rongé davantage la pierre des édifices parisiens que tous les siècles passés.

Depuis des siècles, la cité est concentrique, et Charles Gide a écrit à ce sujet :

Actuellement les rues de Paris ou de Londres s'enroulent comme un peloton de ficelle. Déroulez simplement le peloton, vous aurez un fil de 1.200 kilomètres de longueur pour Paris et 3 000 pour Londres.

Certains ingénieurs sociaux prévoient pour les villes, la forme linéaire. Nos architectes urbanistes conçoivent la cité-jardin sous une forme linéaire ou concentrique.

Linéaire en ce sens que les cités-jardins se trouveraient comme le grain d'une grappe de raisin disposés, au bon endroit, à droite et à gauche des voies ferrées, à directions, elles, à peu près rectilignes, tandis que chacune de ces cités-jardins seraient munies de leurs moyens de locomotion particuliers reliant leurs habitants aux grandes voies de communication rapides et à bon marché.

Nous ne prendrons pas parti ici entre les différentes écoles qui offrent chacune leurs avantages. Ce qui importe, c'est de généraliser rapidement les résultats bienfaisants qu'ont obtenus les cités-jardins construites un peu partout dans le Monde; développement du bien-être, grande baisse de la mortalité, forte augmentation de la production, en quantité et en qualité, amélioration de la moralité, etc.

En France, le mouvement en faveur de la cité-jardin n'existe guère que depuis quelques années; mais l'évolution sociale est telle que le mouvement est appelé à se développer très rapidement. La reconstruction des pays envahis lui fera certainement faire un pas de géant.

A ce sujet, allons-nous reconstruire les cités de ces régions telles qu'elles étaient avant la guerre, c'est-à-dire, suivant les plans des xvie et xviie siècles ; ou, au contraire, allons-nous faire la cité moderne qui sera encore moderne en 1950 ou l'an 2000? Allons-nous laisser chacun reconstruire comme il l'entendra sa maison détruite? Une occasion unique s'offre à nous de rendre la civilisation indépendante du logement ; allons-nous la laisser échapper? Si oui, nous n'aurons fait qu'une régression. Pour reconstruire les pays dévastés, il faut que d'urgence un plan d'ensemble soit adopté, non seulement pour chacune des villes les plus profondément atteintes, mais pour l'ensemble des régions envahies. Grâce au progrès de la Science à laquelle nous emprunterons ses derniers perfectionnements, nous transformerons ces régions chaotiques, en pays admirables qui seront les plus beaux, non seulement de la France, mais du monde entier; routes, chemins de fer, canaux, voies de communication les plus modernes seront aménagés de telle sorte que la vie sociale, agricole, économique et industrielle de ces pays soit véritablement rénovée.

Quand on songe à la tâche magnifique et immense qui doit être accomplie, on reste stupéfait devant l'incurie et l'apathie d'un gouvernement qui ne semble pas comprendre la grandeur de sa mission.

Une réforme aussi profonde de la cité n'ira point sans amener un bouleversement général dans le régime de la propriété foncière. Certains terrains vont perdre de leur valeur; d'autres, au contraire, vont monter de prix par le développement des voies de communications nécessaires pour étendre la surface de la cité. Sera-ce l'individu propriétaire qui bénéficiera de cette plus-value? Non, si l'État prend, comme nous le préconisons, la tête du mouvement vers le progrès, c'est lui qui, grâce à la méthode d'expropriation pour cause d'utilité publique, pourra profiter de la plus-value dans l'intérêt de la collectivité, pour payer les frais d'installation, par exemple. Ayant tout pouvoir pour établir les plans suivant une vue d'ensemble, il ne sera plus dominé par les intérêts particuliers. Il en sera même dégagé d'une façon complète grâce au moyen très simple que nous avons exposé dans la « réforme financière ». Ayant fixé, lui-même, en vue de l'impôt sur le capital, la valeur de son terrain, le propriétaire sera indemnisé dans l'expropriation, d'après le taux de sa propre déclaration. S'il a à se plaindre, il ne pourra accuser que son manque de sincérité.

Comme toutes les autres réformes, la réforme de la cité n'apparaît possible et réalisable que comme faisant partie d'un vaste programme d'ensemble.

REPOPULATION

Tout le monde connaît le mal et son étendue. C'est le problème de notre existence nationale lui-même qui se trouve posé. Nous avons vu, dans l'étude du problème militaire, que la condition essentielle, pour constituer une nation forte, c'est de former de bons citoyens; il faut le nombre et la qualité.

C'est le président Roosevelt qui a écrit : « *Une Nation est perdue quand les hommes ont peur de la guerre et que les femmes ont peur de la maternité.* »

Nos ennemis se rendent bien compte de ce facteur de faiblesse qui, s'il n'était enrayé chez nous, arriverait à la suppression de notre race. Le président de l'Assemblée générale de Weimar s'écriait, au lendemain de l'armistice : « *Les femmes allemandes enfanteront et ces enfants briseront les chaines de l'esclavage.* »

On peut, pour un temps, exiger de nos ennemis vaincus qu'ils limitent leurs armements, on ne saurait les contraindre à réduire leur natalité.

Ce n'est pas seulement le problème militaire qui est fonction de la repopulation, c'est aussi le problème économique, le problème social et le problème international, lui-même. La solution de ces problèmes serait singulièrement facilitée, si une abondante population nous permettait de développer nos ressources financières, industrielles, scientifiques, c'est-à-dire tous les facteurs essentiels de la puissance d'une Nation.

On connaît donc bien le mal; mais, là comme ailleurs, on connaît moins bien les remèdes ; et, malgré la persévérance, l'habileté, la noblesse des efforts tentés depuis vingt ans surtout, pour relever la natalité française, il est bien inquiétant de voir que les résultats n'ont pas répondu à ces efforts.

Le problème est trop complexe pour pouvoir être résolu par une réforme isolée.

En 1902, après un vote du Sénat, une grande Commission fut constituée par M. Waldeck-Rousseau, alors président du Conseil des ministres. Elle comptait 70 membres (1) et décidait, dès le début de ses travaux, de se partager en deux sous-commissions, dites, la première : de la *natalité*, et la seconde : de la *mortalité*.

En l'instaurant, Waldeck-Rousseau reconnaissait que des deux voies du problème de la repopulation, la natalité avait été la moins étudiée.

Quant à la natalité, disait-il, comment l'augmenter, comment prévoir son abaissement? C'est le côté le plus difficile et peut-être le plus obscur du problème.

____

(1) Un méchant statisticien de l'époque prétendit que, dans cette commission, 11 membres seulement sur 70 avaient des enfants!

La Société tout entière n'est-elle pas organisée contre l'enfant. Si nous voulons aboutir dans ce problème de la repopulation, c'est la refonte complète de la Société qu'il nous faut envisager.

Le problème de la repopulation ressemble sous beaucoup de points au problème social. Avec l'importance que prennent les questions économiques, il ne faudra pas nous étonner si, dans l'avenir, nous voyons les revendications des familles nombreuses se joindre aux revendications des travailleurs. La vie chère et la question des salaires se trouvent, comme dans le problème social, à la base du problème de la repopulation.

Notre organisation actuelle basée sur le capitalisme, en maintenant les privilèges de la fortune et de la naissance, se trouve parmi les causes originelles de la réduction de la natalité.

Notre système fiscal s'y trouve également. Le 17 juin 1862, Ernest Picard disait au Corps législatif :

Vous parlez ici de l'égalité de l'impôt, vous parlez de proportionnalité de l'impôt ; mais comment est votre budget ?

Votre contribution foncière, vos contributions directes vous donnent 400 millions environ, et vous vivez sur vos revenus indirects qui font le surplus de vos ressources, qui sont un impôt de capitation, un impôt de consommation qui grèvent les familles quand elles s'accroissent, et qui sont peut-être une des causes pour lesquelles, depuis l'Empire, la France a subi le plus grand décroissement de population qu'elle ait subi depuis le commencement de ce siècle.

Javal disait en 1884 :

Je ne crois pas qu'il existe d'autre pays où la législation soit disposée comme à plaisir pour écraser les malheureux pères de famille ; et, dans ma conviction, c'est cette législation qui a agi graduellement sur les mœurs pour nous conduire à un point tel que la différence de population entre la France et l'Allemagne augmente tous les ans dans une proportion plus grande que si, chaque année, nous perdions la plus sanglante des batailles.

La répartition des impôts contribue, en effet, sous toutes les formes, à rendre plus lourdes les charges des familles nombreuses.

Du principe de 1789, d'après lequel la « contribution » devrait être proportionnelle aux ressources et inversement proportionnelle aux charges de chaque citoyen, la seconde partie a disparu de la pratique.

Bien plus, les impôts de consommation atteignent ce but, contraire à toute justice distributive, de frapper les pères de famille, proportionnellement aux bouches qu'ils ont à nourrir : sur les trois milliards perçus par l'État, deux milliards et demi sont infligés aux gens qui ont des enfants.

Il ne suffit pas de dire, après le docteur Bertillon, que « *chaque homme a le devoir de perpétuer sa patrie, exactement comme il a le devoir de la défendre* ». Le pays a également le devoir de récompenser ceux qui le soutiennent. Or, à l'heure actuelle, la loi punit les pères de famille nombreuses et ceci n'est pas seulement vrai au point de vue matériel, mais encore au point de vue moral. Le père de famille qui, autrefois, était tout, aujourd'hui n'est plus rien. Dans la société future, il faut qu'il ait un rang proportionné à l'importance du devoir qu'il a rempli envers la société, et c'est là que la repopulation se trouvera aidée par la solution du problème social.

M. Gaston Rageot arrive, d'ailleurs, à la fin d'une étude sur la natalité, aux conclusions suivantes :

Songeons moins à *brimer* ceux qui n'ont pas d'enfants qu'à *soutenir ceux qui en ont*... Faites au *père de famille une place d'honneur dans l'Etat*. Qu'il ait l'impression d'être un citoyen considérable, qu'il se sente un chef, une tête, que le groupe qu'il commande, au lieu de l'affaiblir et de l'encombrer, le pose, le soutienne, le fortifie dans la concurrence... Qu'était le chef de famille autrefois Tout. Qu'est-il devenu maintenant? Rien. Que faudrait-il qu'il fût dans l'avenir? Quelque chose.

Au point de vue financier, la réforme doit renverser l'état de choses actuel. Dans notre organisation actuelle, les cinq sixièmes des impôts sont supportés par les familles nombreuses. Dans cet ordre d'idées, nous verrons avec plaisir l'adoption de projets de loi analogues à la proposition qui a été déposée par M. Bokanowski. D'après cette proposition :

Tout Français qui ne laissera pas à sa mort quatre enfants au moins comptera la Nation parmi ses héritiers. Elle sera assimilée à un enfant légitime et, comme telle, aura droit à une part de la succession égale à la portion réservataire de cet enfant. Si le défunt ne laisse pas d'enfant, l'Etat recevra la moitié de la fortune. S'il en laisse un, deux ou trois, l'Etat interviendra comme un deuxième, un troisième ou un quatrième enfant, prendra le tiers, le quart ou les trois-seizièmes de la succession. La part prélevée par lui sera d'autant plus forte que le nombre des enfants sera moins élevé.

Ce projet est principalement établi pour les familles riches, et c'est à ce point de vue qu'il est intéressant, car les familles aisées doivent avant tout donner l'*exemple*. Or, actuellement, elles donnent l'exemple inverse.

Lorsque, *dit M. Bertillon*, on étudie la répartition de la natalité entre les divers départements français, *on s'aperçoit bien vite que la natalité est d'autant plus faible que le pays est plus riche*. La plantureuse Normandie, la riche vallée de la Garonne, l'opulente Bourgogne sont les régions les moins fécondes de la France. Par contre, les pays les plus pauvres, la Bretagne, la Lozère, l'Aveyron maintiennent le taux de leurs naissances au-dessus du taux de la mortalité.

A Paris même, M. Bertillon a constaté que les arrondissements très pauvres donnent 108 enfants pour 10.000 femmes de quinze à cinquante ans; les arrondissements *aisés* n'en donnent que 72; les arrondissements riches n'en donnent que 53. Il s'ensuit que ce sont des *préoccupations d'argent* qui sont les premières causes de cette situation : souci des frais d'éducation des enfants, des constitutions de dots et du morcellement des héritages.

Enfin, voici ce que dit M. Bokanowski au sujet de sa proposition :

Elle réduirait d'abord le privilège de l'enfant unique. Elle soustrairait celui-ci à l'influence antisociale et déprimante de la famille trop étroite, école d'égoïsme et de pusillanimité. Entouré de frères, d'égaux, l'enfant ne sera plus l'objet exclusif de préoccupations paternelles et maternelles excessives, de nature à l'incliner à la mollesse et à une idée exagérée de son moi. Il s'ouvrira davantage aux sentiments d'égalité, de solidarité; il contractera mieux l'habitude de l'initiative.

Enfin, une heureuse conséquence sociale de la législation nouvelle consisterait encore, dans l'exemple d'une participation éclatante et continue de la richesse acquise, au paiement des dépenses de guerre et dans une plus grande rareté du spectacle, souvent fâcheux, de la transmission d'immenses fortunes aux mains de privilégiés inutiles ou incapables.

Les charges financières n'ont pas été les seules qui aient été supportées par les familles nombreuses. Ce sont elles aussi qui ont supporté la plus grande part des charges de la guerre.

Ces remarques nous indiquent le sens des réformes à accomplir. Il est de toute évidence que toutes les réformes que nous devons accomplir dans l'ordre social, financier, économique, devront être en harmonie avec les nécessités d'ordre moral et d'ordre psychologique que comporte le grave problème de la repopulation.

Aucune de ces réformes prise isolément ne serait sans doute efficace, ou tout au moins d'une efficacité que de courte durée. Cependant, il ne faudrait pas croire que toutes les lois et toutes les tentatives sont condamnées à l'impuissance.

Le professeur Pinard en cite deux exemples qui ont obtenu des résultats:

L'une de ces tentatives, très simple, a été la mesure impériale prise en 1813 : c'est l'exemption du service militaire des jeunes gens mariés. Cette mesure a eu pour résultat d'augmenter la natalité de 100.000 unités en un an ; les chiffres ci-dessous en apportent la preuve irréfutable :
Naissances en 1812 : 883.945 ; en 1813 : 895.580 ; en 1814 : 994.082

L'autre tentative, faite non pas dans la métropole, mais dans une des colonies françaises, à Madagascar, est due à un grand Français, le général Gallieni.

Nommé gouverneur général de la grande île, le général Gallieni a pris, d'abord, des mesures destinées à diminuer la mortalité infantile qui était effrayante à l'époque de son arrivée.

Ce premier résultat obtenu, il a cherché à accroître la natalité, en accordant de réels avantages matériels et moraux aux pères de familles nombreuses. Les mesures prises furent d'ordre légal, fiscal, politique et médical.

Voici les résultats obtenus :

En 1900, la natalité à Tananarive était de 38,3 pour 1.000 ; en 1901, 45 ; en 1902, 47 ; en 1903, 51.

En France, plusieurs lois furent promulguées en faveur des familles nombreuses, le professeur Pinard nous montre les raisons de leur inefficacité.

D'après la loi qui fut due à l'initiative du sénateur Piot :

L'assistance est accordée à tout chef de famille dont les ressources sont insuffisantes, et lorsqu'il a à sa charge un certain nombre d'enfants légitimes ou reconnus.

Cette assistance revêt la forme d'une allocation mensuelle par enfant de moins de treize ans.

Le taux de l'allocation ne peut être inférieur à 60 francs par an ; s'il est supérieur à 90 francs, la contribution du département et celle de l'Etat n'interviennent que jusqu'à ce chiffre.

Ainsi, le père de famille, dont les ressources sont insuffisantes, a, grâce à cette loi, l'enviable et brillante perspective de toucher 20 *centimes par jour.*

Et cela quand on sait pertinemment qu'un enfant coûte en moyenne à l'Assistance Publique 5 francs par jour.

Une autre loi d'assistance, la loi Strauss prévoit une allocation pour les femmes en couches.

Le taux de l'allocation journalière est arrêté pour chaque commune par le Conseil municipal sous réserve de l'approbation du Conseil général et du préfet. *L'allocation ne peut être inférieure à 50 centimes, ni supérieure à 1 fr. 50 par jour.*

Le mal est trop profond pour qu'il puisse être guéri par des moyens aussi superficiels. Seul, un vaste programme d'ensemble peut apporter une solution.

Si, dans l'application des réformes issues de ce plan d'ensemble les méthodes scientifiques échouaient, nous pourrions avoir recours aux méthodes empiriques. Le régionalisme nous indiquera un certain nombre de pays plus prolifiques que les autres. Il suffira d'étudier les raisons profondes qui, dans chaque région, sont les causes d'une augmentation de la natalité. Si nous savons transporter ces causes dans les régions les moins prolifiques, nous aurons créé dans l'ensemble de la France une situation nouvelle ; l'augmentation de la population sera la conséquence, la résultante de la prospérité générale. Un des moyens pour arriver à ce but, sera d'envoyer les fonctionnaires de ces régions fécondes et prospères, en avancement dans les régions moins fécondes, et cet avancement sera fonction des progrès obtenus dans la natalité. Les fonctionnaires apporteront naturellement tous leurs efforts à l'augmenter dans leur nouvelle région.

Mais, s'il ne faut pas se décourager, il ne faut pas davantage avoir d'illusions sur l'efficacité de toutes les mesures qui pourraient être appliquées dans l'ordre financier, fiscal, ou militaire.

La question de la repopulation est dominée par une autre, celle de la *confiance dans l'avenir* ; plus que cela même, elle est dominée par la question de l'*idéal*.

On comprend aujourd'hui jusqu'à un certain point, pourquoi les familles ont peur de l'avenir pour leurs enfants. L'horizon est, en effet, malheureusement trop plein de menaces.

On comprend ainsi, combien est important le problème de la confiance, et c'est là qu'intervient la question du gouvernement.

Il faudrait à notre tête un Gouvernement qui comprît toute la question, qui sût prévoir les besoins futurs et qui eût la clairvoyance nécessaire pour apporter les moyens capables de satisfaire ces besoins.

Et, bien plus encore que la question de l'avenir proprement dit, est indispensable l'idéal. Il faut, pour qu'une nation soit prolifique et assure sa continuité et son développement, qu'elle soit animée d'un idéal capable d'alimenter l'idéal de chaque famille.

C'est dans l'idéal de l'Allemagne: « Deutschland über alles » qu'il faut rechercher la raison profonde de la grande natalité de l'Allemagne dans ce dernier siècle. Ce qu'un idéal bas et grossier a pu faire, un idéal noble et élevé le fera très certainement chez nous.

Aujourd'hui, si au lieu de vieillards qui sortent de la guerre avec les lourdes responsabilités de la mort inutile d'un million d'hommes, de la ruine financière de notre pays, nous avions vu sortir triomphants de la guerre des hommes jeunes qui auraient sauvé le pays, qui auraient éclairé l'horizon et qui auraient donné l'exemple, croit-on que le poilu qui revient, hésiterait, comme il le fait aujourd'hui, pour fonder une famille?

RÉFORME INDUSTRIELLE ET AGRICOLE

Industrie.

Un réformateur superficiel, qui a entendu parler de la méthode Taylor, inscrira dans son programme l'application de la méthode Taylor dans l'industrie française.

La question n'est pas aussi simple.

La méthode Taylor se compose d'un ensemble de principes dont les uns peuvent être appliqués facilement, mais, dont les autres sont spécialement appropriés aux conditions particulières où évolue l'industrie américaine.

Transportés sans modification dans l'industrie française, ils donneraient des résultats tout opposés de ceux obtenus aux États-Unis.

Ici, pas plus qu'en art ni qu'en guerre, l'imitation ne saurait être féconde. Il faut tenir compte de la mentalité de l'ouvrier français et en même temps des besoins spéciaux de l'industrie française.

L'étude complète du système Taylor nous entraînerait bien au delà des limites de ce résumé.

Quand on voudra l'appliquer en France, il s'agira de bien diviser les principes qui le composent :

Ceux qui sont du ressort du patron et qui peuvent être appliqués sans inconvénient, par exemple : *ne jamais faire faire à un homme un travail qui peut être exécuté par une machine.*

Ceux qui peuvent se trouver en opposition avec les mœurs de notre pays, la formation mentale ou les aspirations de la classe ouvrière française; ils sont à rejeter ou à modifier.

Ceux dont les applications correspondent, au contraire, davantage aux qualités de notre race, et en particulier à l'individualisme de l'ouvrier français ; ils sont à développer.

Après cette sélection, les principes de la méthode Taylor pourront être appliqués en évitant de faire des réformes isolées, condamnées à la stérilité.

Ainsi appliquée, dans les conditions qu'imposent les qualités et les défauts de notre race, et adaptée à notre tempérament national, il est bien bien probable que la méthode Taylor ne serait plus reconnue par son auteur. Citons un exemple.

Taylor préconise l'abandon du type d'organisation généralement admis, basé sur le principe de *l'unité de commandement* où « les ouvriers reçoivent leurs ordres d'un seul homme, chef d'atelier ou chef d'équipe ».

Il remplace ce système par le principe de la *direction administrative* dont, dit Taylor :

La caractéristique extérieure la plus frappante réside, au contraire, dans ce fait que chaque ouvrier au lieu d'être en contact immédiat avec la direction par un seul point, c'est-à-dire par un chef d'équipe, reçoit directement ses ordres journaliers et son aide de huit chefs différents, dont chacun remplit une fonction particulière.

M. Fayol écrit à ce sujet :

En ce qui me concerne, je ne crois pas qu'un atelier puisse bien marcher dans l'état de violation flagrante du principe de *l'unité de commandement.*

Et cependant Taylor a dirigé avec succès de grandes entreprises.

L'explication vraisemblable, c'est que Taylor a dirigé des *ouvriers américains* et que M. Fayol a dirigé des *ouvriers français* dont les qualités de race sont tout à fait différentes.

L'ouvrier américain se « *mécanise* » plus facilement que l'ouvrier français qui garde toujours sa personnalité et dont le caractère principal est *l'individualisme;* d'autre part, le recrutement des chefs d'ateliers est plus facile en France qu'en Amérique où une très faible proportion d'ouvriers est susceptible de commander.

C'est le même problème qui se pose dans l'armée pour le recrutement des cadres : sous-officiers et officiers subalternes se recrutent facilement en France, où presque tout le monde est apte à exercer un commandement. Dans la plupart des pays étrangers au contraire, ce recrutement est très difficile (1).

Nous conclurons qu'il faut, en principe, se méfier des innovations qui viennent de l'étranger et qu'il n'y a lieu de les appliquer qu'après les avoir soigneusement étudiées et mises en harmonie avec les mœurs et le tempérament français.

Une revue syndicaliste, *La Clairière*, écrit à ce sujet :

Nos études spéciales nous ont craindre qu'on sera un peu trop tenté de se laisser influencer en France, par les *procédés* américano-allemands en matière industrielle. Nous avons été étonnés de lire ces nombreux rapports de consuls français du monde entier, qui ont tous conseillé, pendant les dernières années de la guerre, que la France se redresse, après la conclusion de la paix, en *imitant* les procédés d'affaires allemands et en produisant, en quantités énormes, des articles à bon marché et dans les conditions commerciales que l'Allemagne avait inaugurées avant la guerre.

Or, l'industrie française a son caractère spécial, son cachet de fini, de solidité et d'élégance qu'il ne faut pas qu'elle perde dans la lutte générale de la concurrence à venir. Il n'est pas difficile, en somme, de couvrir le monde entier d'usines monstres où l'on confectionne de la camelote; mais, dans ce cas, nous prévoyons, dans quelques années, des crises, des faillites générales, par le simple fait qu'on aura oublié de se demander si le marché mondial pourra absorber les flots de marchandises qu'on y enverra.

Sans nier les résultats qu'il est possible d'obtenir de certains des principes de la méthode Taylor, les réformes qu'il est

---

(1) Dans *l'Enigme de la Guerre*, nous avons étudié les méthodes de combat et nous avons montré comment elles doivent être adaptées au tempérament national. Alors que chez les Allemands se pratiquait le coude à coude, l'individualisme du soldat français exigeait chez nous l'emploi de l'ordre dispersé.

nécessaire d'apporter dans notre organisation industrielle seront basées surtout

> *sur le choix des industries viables et non viables* en France; ce choix sera déterminé par l'étude des lois économiques nouvelles que la guerre a fait apparaître,
>
> *sur le développement du machinisme,*
>
> *sur la division du travail,* par la multiplication des petits ateliers et en particulier des ateliers familiaux,
>
> *sur la fusion de l'industrie* et de l'agriculture,
>
> *sur l'établissement d'un statut nouveau* réglant les relations entre patrons et ouvriers et faisant de ceux-ci de véritables associés dans la production.

La distribution de la force motrice par l'électricité permet la création des petits ateliers et des ateliers familiaux.

Ce système est particulièrement intéressant en France à cause du grand nombre d'individus qui sont capables d'être chefs; il permet d'utiliser au maximum les qualités d'initiative de la race française; il satisfait également les aspirations générales à l'indépendance. C'est un des moyens pratiques de réaliser dans une certaine mesure la suppression du « salariat » demandée par la classe ouvrière.

Le prix de revient de la main-d'œuvre est fonction du prix de la vie. Il y a donc un intérêt primordial à ce que les industriels se préoccupent de la faire baisser.

Cela n'est possible qu'en agissant sur la production agricole, en mettant à la disposition des ouvriers des produits de première nécessité à un prix très bas. Nous avons étudié la question à propos de la Réforme économique, p. 41.

Cette solution s'allie, parfaitement d'ailleurs, avec les autres réformes qui s'imposent : décongestionnement des villes, création de cités-jardins, etc., et avec les lois qui limitent la durée du travail dans les usines.

L'ouvrier ayant son logement, son jardin, son champ, sa vache, ses animaux de basse-cour, en un mot les moyens de produire les objets nécessaires à la vie de famille pourra se contenter d'un salaire nominal réduit à l'usine.

On conçoit assez bien que la durée du travail soit limitée dans l'usine et soit complétée pour le père de famille par quelques heures d'un travail choisi par lui, et pour ses fils, par quelques heures de travail intellectuel leur permettant de continuer leur instruction et leur éducation.

Et cette organisation permettrait à la femme de rester dans son intérieur, où son travail serait aussi rémunérateur qu'à l'atelier, avec tous les avantages moraux et hygiéniques, en plus.

Enfin, les réformes de l'industrie doivent être étudiées avec la conception du *mouvement*. Cette notion qui s'imposera dans la société future a aussi son influence dans l'Industrie. Celle-ci doit faire des prévisions pour être en état le jour où les transformations en cours seront accomplies.

En résumé, il ne s'agit pas de s'outiller pour les besoins d'aujourd'hui, mais surtout pour les besoins de demain. C'est ce qu'avaient compris les Allemands, chez qui, peu à peu, s'était développée cette conception qu'une « *industrie n'est pas un immeuble où l'on s'installe, mais un train en marche, avec accélération ininterrompue* ».

Agriculture.

Nous sommes un peuple d'agriculteurs ; c'est l'industrie vitale par excellence de la France. C'est pourquoi il nous faut mettre à la disposition et à la portée de l'agriculture les derniers progrès de la Science.

C'est seulement par l'agriculture que nous pourrons résoudre la crise économique et la crise financière que nous subissons.

Quelques chiffres vont nous fixer :

De 1905 à 1914, le rendement de blé à l'hectare a baissé en France de 5 %, alors qu'il a augmenté de 12 % en Allemagne et de 20 % au Danemark et en Belgique.

La production agricole en France pour les céréales, les tubercules, les cultures fourragères, industrielles, fruitières et diverses était évaluée en 1912 à 12.474.000.000 de francs. En ajoutant à ce chiffre la valeur des animaux de ferme, on obtenait un produit agricole annuel de près de 20 milliards de francs.

Cependant, le rendement de nos terres était bien inférieur à celui de l'Allemagne. Nous produisions à l'hectare en quintaux, par rapport à eux : en froment 13,6 contre 20,6 ; en seigle 10,7 contre 17,2 ; en orge 13,4 contre 20 ; en avoine 12,7 contre 19,4 ; en pommes de terre 88,1 contre 137,4 ; en betterave à sucre 249,3 contre 293,1.

Ces chiffres indiquent suffisamment l'étendue des réformes qu'il faut apporter dans l'agriculture et l'immensité des progrès à réaliser.

Les principaux moyens techniques pour développer la production agricole sont :

1° L'irrigation et l'assainissement ;

2° L'emploi des engrais et amendements ;

3° Le développement du machinisme.

Mais comment réaliser ces réformes nécessaires ?

Le *Bulletin de la Société des Agriculteurs de France* dit en 1918 :

> Mais ce n'est pas un vaste réseau de réglementation étendu sur le pays qui fera surgir ces progrès d'un coup de baguette ; ce n'est pas non plus la multiplication d'offices administratifs qui permettra d'atteindre ce but.
>
> Le cultivateur a une horreur innée de la contrainte, il a le sentiment profond de son indépendance, il se rebifferait devant les tentatives de coercition ; il subit aujourd'hui celle-ci par devoir patriotique, mais avec le sentiment que cette situation doit être transitoire. *L'État n'aurait qu'un rôle à jouer*, répandre à *profusion l'enseignement*, en le rendant réellement accessible à la masse profonde des populations rurales, ce qu'a trop négligé la loi récente sur l'enseignement agricole ; il devrait aussi provoquer et encourager les travaux d'améliorations agricoles d'intérêt général.

Mais le système de l'éducation lui-même ne peut donner des résultats pratiques que dans quelque dix années au moins.

C'est par la *loi du mélange* qu'il nous faut rechercher la solution. Comme nous l'avons expliqué dans la réforme économique, si les industriels s'installent dans un pays agricole et appliquent des méthodes scientifiques, ils seront vite suivis s'ils obtiennent des résultats (Voir lettre du Syndicat des Ingénieurs des Mines, p. 49).

Malheureusement, la tendance officielle, qui se manifeste dans l'avant-projet de loi présenté par le ministre de l'Agriculture et du Ravitaillement, est de développer de plus en plus le rôle de l'Administration. La Bureaucratie se soucie bien peu de la psychologie du paysan français, avant tout jaloux de sa liberté professionnelle.

A ce sujet, le *Syndicat des Agriculteurs de France* déclare :

> Bien au contraire, il pense que des mesures de caractère étatiste soulèveraient des protestations unanimes et qu'un régime de réglementation, bien loin de favoriser le progrès, découragerait les bonnes volontés qui ne demandent qu'à se dévouer pour mettre en pleine valeur notre beau sol national.
>
> Mais peut-on espérer que ce but sera atteint sans délai et qu'on arrivera de suite à la surproduction ?
>
> On a malheureusement peine à le croire quand la terre de France est à ce point anémiée, après quatre ans de guerre, par manque d'engrais et de culture, que, de toute façon, il faudra plusieurs années pour lui rendre sa fertilité d'avant-guerre. Ce n'est pas là une raison pour désespérer de l'avenir, mais bien au contraire pour intensifier les efforts de façon à obtenir le plus tôt possible les récoltes suffisantes pour nourrir le pays.

Le plus efficace moyen que pourrait apporter l'Etat au développement de l'agriculture serait le développement des moyens de *transport*. Il préfère au contraire laisser pourrir dans les parcs depuis un an des camions automobiles et tout le matériel de l'Armée qui serait si utile au développement de l'agriculture.

Si, immédiatement après l'armistice, l'Etat avait vendu ses immenses stocks : machines, automobiles, camions, tracteurs, etc., les agriculteurs les auraient utilisés et c'eût été le déclanchement du mouvement de reprise de la vie économique du pays. Les affaires auraient entraîné les affaires.

Quelques intérêts particuliers ont été assez puissants pour faire sacrifier l'agriculture au profit de quelques maisons de construction. On voit les résultats de semblable politique sur la cherté de la vie et sur les trafics opérés par une nuée d'intermédiaires grâce à l'absence des moyens de transport.

A côté des moyens techniques, le développement de l'agriculture sera influencé par toutes les autres réformes d'ordre général, réforme sociale, réforme financière, fiscale, etc.

Nous avons posé en principe, dans l'intérêt collectif, que toutes les réformes doivent tendre à placer les instruments de production entre les mains les plus aptes à en tirer le rendement maximum. C'est ce que notre projet de réforme financière et fiscale réalise. L'impôt sur le capital, en obligeant les terres à produire un rendement minimum, forcera les propriétaires incapables à les céder à de plus aptes pour les exploiter.

Grâce à l'ensemble de ces moyens, l'industrie agricole pourra prendre l'essor indispensable pour nous sortir du chaos économique où nous nous trouvons, et nous éviter les graves conséquences que la famine ne saurait manquer d'amener avec elle.

Exemple d'application pratique.

Etudions un cas concret : par exemple la liquidation des stocks de guerre. Nous allons voir comment les principes que nous avons exposés peuvent être appliqués et les répercussions que pourra provoquer une liquidation, opérée méthodiquement suivant un plan d'ensemble.

On comprendra comment tout se tient dans les réformes que nécessite notre état social ; et comment en commençant par une réforme, qui peut paraître un détail, on peut obtenir des résultats dans des problèmes d'ordre général.

LIQUIDATION DES STOCKS DE GUERRE

Depuis un an des camions et des voitures automobiles pourrissent dans les parcs.

Pendant ce temps, dans les campagnes, les docteurs, faute d'autos, ne peuvent visiter les malades.

L'agriculture manque de machines, et les récoltes sont déficitaires.

Certaines marchandises surabondent dans certains pays, et se paient des prix exorbitants dans d'autres, faute d'un moyen de transport rapide qui permettrait de supprimer tous les intermédiaires.

Des quantités énormes de produits alimentaires, des marchandises de toutes sortes sont conservées dans les stocks de l'armée, alors que ces mêmes produits se vendent à des prix anormaux. Le prix de la vie reste très élevé.

Les stocks ne sont pas liquidés ou ne sont liquidés que d'une façon extrêmement lente, au « compte-goutte » pour tromper l'opinion publique, parce qu'il s'agit, avant tout, de favoriser quelques intérêts particuliers; des hommes au pouvoir leur sacrifient les intérêts généraux et permettent l'édification de quelques nouvelles fortunes.

En dernière analyse les conséquences de ces fautes sont supportées par les classes laborieuses.

Il faut en terminer avec ces scandales: aussi, demandons-nous la liquidation rapide des stocks de guerre dans un délai de trois mois au maximum, et il faut que, sans délai, de nouvelles méthodes rapides soient instaurées.

Une liquidation rapide des stocks produirait les effets suivants :

1º Elle ferait rentrer une somme de 4 milliards dans les caisses de l'Etat;

2º Elle diminuerait d'autant la circulation fiduciaire, cause de la hausse des prix;

3º Elle provoquerait la baisse du prix de la vie, en jetant sur les marchés une grande quantité de marchandises;

4º Elle ferait baisser le change en supprimant les importations de produits analogues à ceux qui sont maintenus dans les stocks.

PLAN DE LIQUIDATION

La liquidation doit être conduite d'une façon méthodique et de manière à remédier aux crises dont nous souffrons, c'est-à-dire :

La vie chère,
La crise des transports,
La crise du charbon,
La crise sociale.

Nous appliquerons les principes généraux que nous avons exposés.

1º LA VIE CHÈRE. — On organisera le crédit aux Syndicats agricoles, aux Syndicats ouvriers, aux Coopératives, ainsi, toutes ces organisations seront mises en mesure d'acheter les produits existants dans les stocks;

2° **Crise des transports.** — 100.000 camions automobiles français ou américains pourront être im... diatement utilisés, soit sur routes, soit sur voie ferrée ;

a) *Utilisation sur route.* — Pour l'éta. lis: ment de services publics dans les campagnes,
Pour le ravitaillement des villes,
Pour le ravitaillement des coopératives,
Pour la création d'entreprises de transports en commun,
Pour la création de transports dans les pays libérés,
Pour de nombreuses industries et en particulier pour l'agriculture.

L'utilisation du pétrole et de l'essence dans les moteurs et tracteurs permettrait dans l'agriculture d'économiser les céréales et les fourrages consommés par les animaux, et de réduire la dépense d'*azote* des animaux qui travaillent. En chiffrant ces quantités, on s'aperçoit qu'elles sont du même ordre que les quantités qui nous manquent.

b) *Utilisation sur voie ferrée.* — Un camion, qui peut transporter 4 tonnes sur les routes défoncées, pourra, muni de remorques, transporter 40 tonnes sur rails.

L'adaptation pourra se faire d'une façon extrêmement rapide, les camions ayant des voies identiques à celles des voies de chemins de fer. La crise des locomotives sera ainsi résolue et cela permettra d'exploiter toutes les *voies secondaires*. Le charbon et les locomotives pourront être réservés pour les grandes lignes où le trafic pourra être poussé à son maximum.

La manutention nécessaire pour le chargement et le déchargement aux croisements de voies pourra être assurée par la main-d'œuvre allemande, mise à notre disposition ;

3° **Crise du charbon.** — Le charbon nécessaire pour les locomotives sera ainsi remplacé par le pétrole et l'essence. Or, 1 kilo de pétrole ou d'essence remplace 10 kilos de charbon. Le ravitaillement en combustible par l'Amérique qui est insoluble par le charbon est soluble par le pétrole ;

Il faut ajouter qu'actuellement, on manque de charbon. Or, le charbon actuel est précisément utilisé pour le traitement des aciers et la construction de voitures de luxe ou de véhicules qui seront invendables quand ils seront terminés.

4° **Crise sociale.** — En France, avant la guerre, les débouchés de l'industrie automobile étaient de 20.000 véhicules par an. Actuellement, on peut les estimer à 40.000 (sans compter les stocks existants). Or, les usines s'organisent pour une fabrication de 400.000 véhicules automobiles et ce chiffre comporte une grande quantité de véhicules de luxe. C'est une crise effroyable qui se prépare et, en dernière analyse, elle sera supportée par les classes ouvrières. C'est le gouvernement qui est responsable d'un tel état de choses, en violentant les lois économiques et en ne liquidant pas les stocks de guerre.

Son rôle devrait être, au contraire, de prévoir ces crises avant qu'elles aient toute leur acuité, et de prendre toutes les mesures nécessaires pour les conjurer.

L'industrie automobile compte de nombreux ouvriers mécaniciens qui ne seront plus utilisés pour fabriquer des voitures, mais pour les exploiter. Ces mécaniciens pourront être utilisés, à la fois pour l'organisation des transports sur route, et pour l'organisation des transports sur rails par les camions automobiles.

Si les organisations patronales protestent, il sera aisé de leur montrer qu'une autre conception de l'industrie automobile s'impose dans les conditions économiques actuelles. Il ne s'agit pas seulement de construire, il s'agit aussi d'exploiter. D'autre part, nous apportons un moyen d'utilisation sur rails des engins des stocks, et nous créons ainsi un débouché nouveau à l'industrie automobile.

Les ouvriers ne sont pas responsables de la mauvaise orientation donnée à l'industrie. C'est pourquoi il sera formé des coopératives ouvrières auxquelles l'Etat devra faire un large crédit pour leur permettre d'acheter les camions et de les exploiter.

Ces mesures amèneront le décongestionnement de Paris et apporteront un remède à la crise des loyers.

Dans l'utilisation sur voie ferrée, on ne saurait obtenir un bon rendement des nouvelles méthodes qu'avec le concours des cheminots. Pour exploiter les lignes secondaires, il sera formé un Conseil régional comprenant un délégué de la Direction centrale qui sera le Président, trois délégués du Syndicat des Cheminots, deux délégués des techniciens locaux, un délégué des consommateurs (coopératives), un délégué des Chambres de commerce régionales.

Ce Conseil sera chargé de prendre toutes les mesures nécessités par l'exploitation.

C'est un acte de décentralisation.

Le trafic sur les voies secondaires devra augmenter dans une grande proportion et il faut que tout le personnel utilisé sur ces voies ait un *intérêt* sur l'augmentation des trafics, cet intérêt viendra en supplément de sa rémunération actuelle.

Voilà un moyen pratique de satisfaire une des plus ardentes aspirations de la classe ouvrière; son accession au contrôle et à la gestion des entreprises. En la plaçant en face des difficultés, ce moyen contribuera à faire aussi « son éducation » laquelle est nécessaire pour le grand rôle qu'elle aspire à remplir.

RÉFORME SCIENTIFIQUE

Il peut paraître présomptueux de parler de réforme scientifique alors que la Science est généralement considérée comme intangible.

Le célèbre mathématicien Henri Poincaré, qui fut aussi un illustre philosophe, nous a montré cependant combien la *Science* n'est qu'une question de convention, combien nous sommes peu sûrs de la stabilité des lois et par conséquent de la Science elle-même.

Bien que la vérité scientifique n'ait qu'une valeur temporaire et qu'elle soit destinée à être remplacée par une vérité plus simple, il ne s'agit pas ici de réformer la Science ; ce sont les methodes d'investigations scientifiques qui sont à rénover. Il s'agit de donner une orientation aux recherches des savants; il s'agit, dans les travaux des savants, « d'organiser ».

Un système de gouvernement, qu'il s'applique à une nation isolée ou à une Société des Nations, doit être attentif à tous les progrès de la Science. Un gouvernement ne sera réellement solide, fort et digne de son nom que s'il est à la tête du mouvement scientifique.

Mais comment ? En donnant une orientation aux recherches scientifiques, en créant des besoins nouveaux que les savants, les ingénieurs, les philosophes seront chargés de satisfaire par des inventions, des découvertes ou des conceptions nouvelles.

Quand l'Etat aura défini son idéal, et qu'il s'orientera pour l'atteindre, il lui faudra tenir compte des réalités ; des difficultés seront à surmonter, des obstacles devront être renversés et cela dans un monde tout nouveau, où les méthodes empiriques ne sauraient réussir. C'est ainsi que pour remplir son rôle de Reine de la Paix Universelle, la France devra constamment faire appel à ses savants et ses inventeurs pour tenir la tête du progrès dans toutes les branches de l'activité humaine.

Il lui faudra être toujours en avant dans la solution du problème militaire, avoir toujours prêtes à être mises en application des idées en avance sur les doctrines suivies par ceux qui peuvent un jour être ses ennemis.

Il lui faudra aussi résoudre les problèmes économiques et chaque fois que ses concurrents l'auront dépassée dans la production d'un objet déterminé, elle devra avoir prêt à être appliqué un moyen de production inédit ou un objet nouveau plus perfectionné destiné à remplacer l'ancien.

Il lui faudra, dans le domaine social, étudier les problèmes pshychologiques et moraux, de manière à donner satisfaction aux aspirations profondes des masses.

La France est le pays par excellence des savants et des inventeurs ? Elle n'a qu'à poser les problèmes, il se trouvera toujours des cerveaux pour les résoudre.

Georges Claude écrit à ce sujet :

... C'est ici le moment de rappeler, que nous connaissons assez de choses, dans l'immense arsenal des propriétés physiques et chimiques de la matière pour savoir que, quand le problème se pose, si compliqué ou si extraordinaire soit-il, il existe presque sûrement une propriété, un ensemble de propriétés, une combinaison appropriée de la matière et de l'énergie qui permettra de parvenir au but avec une facilité inégalée. Plier à une besogne donnée, une matière ou un système qui s'y prête mal est devenu indigne de notre science, et c'est le rôle fécond du physicien ou du chimiste de rechercher dans le dit arsenal, la propriété ou l'ensemble des propriétés qui permettra de parvenir au but avec le minimum d'efforts.

Les lois les plus simples restent à découvrir, et ces découvertes auront une influence d'autant plus grande sur l'avenir de l'Humanité qu'elles seront plus simples et qu'elles demanderont pour être réalisées des moyens plus modestes.

Les inventions qui sont capables de transformer un état de choses existants ne peuvent être des systèmes compliqués et coûteux. Voilà de quoi encourager les chercheurs qui se plaignent de la faiblesse de leurs ressources.

Nous ne connaissons de l'Univers que ce que nous en apprennent nos sens. Mais il est raisonnable de penser que beaucoup de choses réelles existent dans l'Univers bien qu'elles ne tombent pas sous nos yeux. Si donc, nous pouvions imaginer que nos sens fussent différents, la face du monde nous apparaîtrait absolument changée. Si, par exemple, nous avions un sixième sens qui donnerait une forme à nos pensées, à nos efforts de volonté, à nos sentiments, c'est un monde nouveau qui nous apparaîtrait sous un aspect tout différent et il compléterait celui que nous connaissons.

Ce n'est naturellement pas parce que ce sixième sens nous manque que la structure du monde ne comporte pas ces éléments.

La vérité, c'est que nous n'avons conscience que d'une partie infiniment petite du monde réel.

Et ainsi, on conçoit comment la production scientifique, au lieu d'être abandonnée au hasard des inspirations individuelles peut être organisée et orientée vers l'Idéal National, lequel se confond, d'ailleurs, avec l'Idéal de l'Humanité.

Une des découvertes les plus fécondes des temps modernes est certainement, celle de la découverte des radiations émises par les corps.

Les premières constatations furent celles des radiations

émises par le radium ; mais bientôt il fut prouvé que tous les corps émettaient des radiations analogues.

Mieux, les corps se décomposent en radiations de diverses espèces et c'est ainsi qu'on a des radiations radifères, électriques, calorifiques, lumineuses, etc. Les corps perdent ainsi de leur masse, laquelle s'est transformée en énergie.

Les théories les plus récentes en arrivent à conclure que la *matière n'est qu'un état d'équilibre de l'énergie*. Ceci est même considéré aujourd'hui comme une vérité scientifique.

C'est un horizon tout nouveau que cette conception nous découvre ; le monde nous apparaît sous un jour jusqu'ici insoupçonné.

La matière n'existe plus que par un phénomène temporaire, elle s'évanouit lentement par la dissociation des éléments qui la composent, elle constitue un immense réservoir de forces jusqu'ici inconnues.

Voilà de quoi mettre d'accord les écoles philosophiques qui semblaient irrémédiablement opposées : les Matérialistes et les Spiritualistes. La Science devient un élément d'union au lieu d'être un élément de discorde.

L'énergie sous toutes ses formes, ce n'est pas seulement la matière, mais c'est aussi la volonté, l'intelligence, la pensée. Et c'est enfin l'âme elle-même qui est immortelle comme l'énergie. L'âme de Jaurès, pour citer un exemple, a-t-elle été durant sa vie plus grande, plus forte, plus féconde qu'elle ne l'a été depuis sa mort ?

La découverte de la dissociation de la matière apparaît comme devant avoir des conséquences bien inattendues ; et ne nous éclaire-t-elle pas sur nos destinées elles-mêmes ?

Comprend-on comment dans l'infini des connaissances qui restent à acquérir à l'Humanité, il est possible de choisir celles qui sont le plus apte à nous aider à avancer dans la voie du Progrès, et de quelle façon un gouvernement peut agir sur le mouvement scientifique, en favorisant les recherches des savants dans le sens le plus utile pour atteindre son Idéal ?

RÉFORME ARTISTIQUE ET LITTÉRAIRE

Nous avons établi un plan de la Société de demain, mais toute notre construction n'est qu'un travail d'ingénieurs ; elle ne constitue, jusqu'ici, qu'une charpente solide, sans doute, mais la forme générale de l'édifice n'apparaît encore que d'une façon grossière, imparfaite, incomplète.

Pour rendre la maison habitable, agréable, pour lui donner les attributs de la beauté, il nous faut faire appel aux arts et aux belles-lettres.

Et on voit le magnifique avenir qui s'annonce devant les artistes et les littérateurs.

De la nouveauté, de l'inédit, mais c'est bien là le royaume de l'art et de la littérature. Dans toutes les branches, il y aura du travail et tous les talents seront utilisés : peintres, sculpteurs, musiciens, poètes, philosophes, c'est pour vous la véritable Terre promise qui approche.

Travaillez, chantez, pensez, c'est vous qui allez faire, du rêve d'aujourd'hui, la réalité de demain.

C'est vous qui êtes chargés de parer le magnifique oiseau de l'Humanité qui va sortir de l'œuf où il est encore enfermé et mal à l'aise.

Vous étiez des inutiles, des déshérités, des délaissés dans la société d'hier, laquelle ne possédait plus une foi capable d'exalter votre inspiration, ni de donner à votre imagination, aucune impulsion constructive, mais, voilà qu'une société nouvelle se forme, une ère nouvelle se lève et un idéal nouveau apparaît.

Votre talent va pouvoir se développer et votre génie dépassera celui des Michel-Ange, des Lulli, des Corneille, dans la mesure même où l'Idéal nouveau dépasse celui qui les a inspirés.

Jusque-là vous avez vécu dans la nuit, demain vous allez arriver à la lumière. Artistes, poètes, philosophes, l'avenir splendide s'ouvre devant vous.

RÉALISATION

Nous avons exposé un programme d'ensemble et apporté des solutions pour les problèmes qui se posent avec le plus d'acuité à l'heure présente.

Nous sommes parvenus à concilier les partis qui paraissaient les plus opposés : les Nationalistes et les Internationalistes, en montrant la nécessité pour la France de jouer le rôle de la tête dans l'Humanité.

Une nouvelle formule sociale va nous assurer l'union des classes, dans la Justice.

La science par ses dernières découvertes va nous aider à mettre d'accord les écoles philosophiques les plus divergentes : les spiritualistes et les matérialistes.

Sur le terrain religieux même, la sincérité va nous permettre d'obtenir l'harmonie.

Mais il s'agit de *réaliser* ces réformes ; il s'agit de passer du domaine des conceptions dans le domaine des faits.

Comment ?

Nous ne possédons aucune autorité, ni aucune puissance pour imposer un programme.

D'ailleurs, qui pourrait concevoir une autorité et une puissance capables d'encadrer de force la Société dans un plan rigide établi d'avance?

L'évolution de l'Humanité s'opère sous l'influence de lois, que les hommes isolés ou groupés sont impuissants à modifier;

Les individus ne comptent pas, seules, les nécessités créées par ces lois nous dirigent et nous orientent.

Un plan de réforme sociale n'a de chance d'être réalisé que s'il a été établi avec une juste prévision de l'évolution de la Société, et s'il contient des solutions pour les besoins que l'avenir doit faire apparaître.

Si ce plan réalise ces conditions, les événements, plus forts que les hommes, apporteront leur appui pour le faire entrer dans la voie des réalisations.

Aujourd'hui, ce plan est dressé, notre programme de réformes est établi ; nous savons que ces réformes, orientées suivant une doctrine unique, ne produiront pas des effets qui se détruiront entre eux. Mais, comment passer à l'application? Les besoins sont trop pressants, aujourd'hui, pour que les esprits se contentent de conceptions théoriques.

Par le Gouvernement? C'est impossible. Celui qui est aujourd'hui à notre tête est la résultante de l'état de choses ancien ; il est le fruit de l'erreur où nous nous trouvons enlisés ; il ne saurait vivre que dans l'atmosphère d'idées, de principes, de doctrines où les hommes qui le composent ont été formés ; il ne saurait être transplanté hors du terrain de décomposition et de décadence où il a ses racines profondes.

N'avons-nous pas vu, d'ailleurs, que notre gouvernement déclarait insolubles les problèmes les plus graves de l'heure présente ?

Par l'opinion publique? C'est impossible. Comment arriver à mettre tout le monde d'accord sur un programme, sur un ensemble de réformes que chacun étudiera et jugera d'après les détails qui le touchent? L'apparition de ce programme provoquera certainement une nouvelle levée de boucliers ; il trouvera dressé contre lui tous les intérêts particuliers qui ne cessent de lutter contre l'intérêt général.

Mais alors ? Faut-il donc en appeler à l'insurrection, à l'émeute ? Celle-ci, elle-même, ne saurait être qu'aveugle ; ce serait une folle entreprise que de chercher à enflammer des cerveaux, aptes à toutes les violences, sur un programme bâti avant tout sur la raison. Et, enfin, on sait comment une émeute commence, mais nul ne sait comment elle finit ; un programme de réformes répondant aux besoins, c'est une chose rare qu'il n'est pas facile de remplacer; il ne saurait être question de lui faire courir de semblables risques.

Quel moyen faut-il donc employer? Quelle méthode peut donc réussir?

Ce ne peut être ni un moyen déjà essayé, ni une méthode déjà appliquée; la solution est nécessairement inédite.

Revenons encore une fois à nos moutons. Pour rétablir l'ordre et l'équilibre dans le troupeau débandé, il faut qu'un mouton de tête surgisse du sein même du troupeau, et que, poussé par une force inconnue, il provoque un mouvement dans un sens déterminé ; il s'élance à la poursuite d'un but, les autres moutons le suivent, bien que ne voyant pas le but.

Dans notre Société, aujourd'hui désemparée, un phénomène analogue doit s'accomplir et la transformation nécessaire, au lieu d'être d'origine catastrophique comme certains le croient, s'opérera de la façon le plus simple du monde.

Pour cela, il faut et il suffit, que les auteurs du programme aient la foi dans leur œuvre et qu'ils mettent chacun de leurs actes en accord avec le but qu'ils poursuivent; il faut que leur vie tout entière soit orientée vers l'Idéal qu'ils proposent pour leur Pays.

Vivant au milieu des réalités, ils ne sauraient se contenter de formules, de principes ou de proclamations; leur foi leur donnera toujours l'énergie nécessaire pour surmonter les obstacles qu'ils rencontreront. L'exemple qu'ils ne cesseront de donner fera qu'ils seront suivis par un nombre toujours croissant de leurs semblables.

La vie d'un homme est, en elle-même, un infiniment petit, mais elle est aussi un infiniment grand par la multitude des actes qu'elle comprend et par les répercussions indéfinies que ces actes comportent; c'est à ce dernier point de vue que les actes d'un homme peuvent avoir une influence sur la marche générale des événements.

Tout d'abord, les « Rénovateurs » devront avoir confiance dans le succès de leur entreprise; pour eux, l'horizon se trouve éclairci; la confiance qu'ils ont en eux-mêmes rayonnera et créera la confiance chez ceux qui les entourent.

Dans la famille, ils auront de nombreux enfants, sachant que ceux-ci sont assurés de trouver dans la société future, une vie saine et large, et qu'ils pourront y développer toutes leurs facultés.

Comme industriels, ils appliqueront les principes que nous avons exposés, dans l'étude de la réforme industrielle et agricole. Prévoyant les besoins futurs, ils sauront établir leurs usines et leur outillage pour être en mesure de satisfaire ces besoins. Confiants dans l'avenir, leurs projets auront la supériorité sur ceux de leurs concurrents qui auront peur des catastrophes.

Comme techniciens, ils proposeront des solutions pratiques et réalisables pour remédier aux crises que nous subissons : vie chère, transports, charbon, loyers, etc., les résultats obtenus leur acquerront rapidement une grande autorité morale.

Comme agriculteurs, ils adopteront les méthodes et les procédés modernes; et ainsi ils feront école dans leur pays; là aussi, ils seront suivis, car le besoin de nouveautés a ouvert l'esprit des plus routiniers.

Comme savants et inventeurs, ils orienteront leurs recherches de telle sorte que leurs découvertes et leurs inventions soient en harmonie avec l'évolution générale de l'Humanité. Celle-ci se trouve prise d'un frénétique besoin de mouvement, tout ce qui facilite les communications, tout ce qui augmente la vitesse des moyens de locomotion est assuré du succès. Par là, ils agiront puissamment sur l'imagination des masses.

Comme hommes publics, ils saisiront toutes les occasions, de proclamer la Vérité, sans avoir peur de déplaire, sans s'incliner devant les préjugés, sans s'inquiéter des conséquences.

Dans le domaine de l'Armée, ils méditeront aux conditions à remplir pour assurer au Monde la paix universelle. Ils s'appliqueront à résoudre les problèmes techniques et en particulier les questions d'armement de telle façon que la France ait toujours, prêts à être utilisés, des moyens nouveaux lui assurant une autorité morale telle que les nations les plus belliqueuses reculent devant les risques à courir.

Dans la Presse et dans la Littérature, les « Rénovateurs » ne laisseront passer aucune occasion d'exposer leurs idées et de défendre leur programme.

Dans le cercle, dans les sociétés, dans les syndicats, dans les réunions publiques ils seront partout des apôtres de la foi nouvelle qui les anime.

Et maintenant, lecteur, si vous doutez encore du succès de notre entreprise, si vous jugez nos moyens trop faibles par rapport à notre but, si vous craignez que nous ne soyons pas des réalisateurs, étudiez nos actes passés; examinez les résultats que nous avons obtenus, en particulier pendant la guerre(1). Quand votre opinion sera établie, adressez-vous à nous. Faites-nous vos critiques, notre programme mérite la discussion. Si vous avez des idées meilleures, nous sommes tout prêts à les accepter et à les incorporer dans notre plan.

Dans tous les cas, quand bientôt vous allez nous voir à l'œuvre, sachez que tous nos actes sont orientés suivant le programme de *Rénovation*.

FIN

---

(1) *L'Énigme de la Guerre*, chez Leroux.

Imprimerie de Vaugirard, H.-L. Motti, directeur, 12-13, impasse Ronsin, Paris.

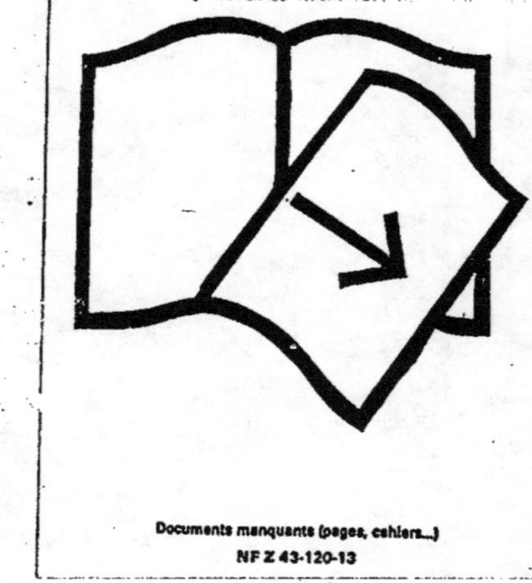

Documents manquants (pages, cahiers...)
NF Z 43-120-13